机电类特种设备检验检测常用仪器及应用

张卫峰 ◎ 主　编
侯海俊　田海丰 ◎ 副主编

化学工业出版社
·北京·

内容简介

本书重点介绍机电类特种设备检验检测过程中用到的各类仪器设备的功能、作用、工作原理、基本构造、相关知识和应用示例等，内容翔实丰富，理论与实践相互融合。本书内容包括常用计量仪器设备、无损检测仪器设备、环境检测仪器设备以及机电类特种设备检验中的一些专用检验检测仪器设备。全书内容紧密结合实际工作，从各种仪器设备中选取典型的种类，附以实物图片详细介绍其性能指标、操作方法及注意事项等。

本书可供从事机电类特种设备检验检测的相关人员参考，也可作为机电类特种设备领域相关专业培训教材使用。

图书在版编目（CIP）数据

机电类特种设备检验检测常用仪器及应用 / 张卫峰主编 ; 侯海俊, 田海丰副主编. -- 北京 : 化学工业出版社, 2025. 11. -- ISBN 978-7-122-48910-4

Ⅰ. TM92

中国国家版本馆 CIP 数据核字第 20256W3H18 号

责任编辑：金林茹　　文字编辑：宋　旋

责任校对：王　静　　装帧设计：王晓宇

出版发行：化学工业出版社（北京市东城区青年湖南街 13 号　邮政编码 100011）

印　　装：北京科印技术咨询服务有限公司数码印刷分部

710mm×1000mm　1/16　印张 10½　字数 181 千字

2026 年 1 月北京第 1 版第 1 次印刷

购书咨询：010-64518888　　售后服务：010-64518899

网　　址：http：//www.cip.com.cn

凡购买本书，如有缺损质量问题，本社销售中心负责调换。

定　　价：69.00 元

前言

PREFACE

特种设备不同于普通设备，其往往承担着重要的安全功能，特种设备检验检测技术在保障设备安全运行、预防事故发生、提升设备性能等方面具有重要作用。随着社会经济的发展，机电类特种设备发展迅速，以电梯为例，2024 年底全国在用电梯数量为 1153.24 万台。每年有大量在用及新增的机电类特种设备需要进行检验检测，而检验检测离不开仪器设备，只有通过仪器设备准确地测量出反映其使用环境及安全性能状况的数据，才能及时发现设备故障、缺陷和问题，为科学地判断特种设备是否符合相关规范和标准要求提供依据。

仪器设备是检验检测工作的重要技术装备，随着科学技术的不断发展，检验检测仪器设备越来越先进。选好、用好检验检测仪器设备是保证检验检测质量的重要环节，因此需要对仪器结构、原理、种类、功能、检验检测标准等有一些基本的认识。而本书正是基于机电类特种设备检验检测仪器设备相关内容展开的，希望本书能为相关从业人员提供有益的参考。

本书由青海省特种设备检验检测院组织编写，由张卫峰担任主编，侯海俊、田海丰担任副主编。全书共 5 章，其中张卫峰负责编写第 1、5 章；侯海俊负责编写第 2 章；田海丰负责编写第 3、4 章。张玉、王宏、马晓英参与了本书部分内容的编写与整理工作。

本书在编写过程中得到了李圆萍、刘晶、王滢、张里玉、马晓英、张玉、王宏、陈存良、罗永福、王巍、李敏、魏珍林、张福斌、马立群、张焜、房晟、张富强、丁存良、任浩等同事的大力支持，他们为本书的编写提供了大量宝贵的资料和建议，在此表示衷心的感谢！

由于编者水平有限，书中难免存在不足和疏漏之处，敬请读者批评指正。

编者

目录

CONTENTS

第 1 章 绪论 …… 001

1.1 机电类特种设备及检验检测概述 …… 001

1.1.1 机电类特种设备内涵 …… 001

1.1.2 特种设备检验检测机构情况 …… 001

1.1.3 特种设备检验检测行业发展 …… 002

1.1.4 检验检测相关强制规定 …… 002

1.2 检验检测仪器设备功能及配置选用 …… 004

1.2.1 仪器设备功能 …… 004

1.2.2 仪器的配置要求及应用 …… 005

1.3 常用仪器设备分类 …… 006

1.3.1 常用计量仪器 …… 006

1.3.2 无损检测设备 …… 007

1.3.3 环境检测仪器设备 …… 007

1.3.4 专用检验检测用仪器设备 …… 008

1.4 仪器设备技术现状及发展趋势 …… 008

1.4.1 仪器设备技术现状 …… 008

1.4.2 仪器设备发展趋势 …… 009

1.5 使用管理要求 …… 010

1.5.1 管理的重要性 …… 010

1.5.2 检定校准 …… 011

1.5.3 期间核查 …… 012

1.5.4 资料管理 …… 012

1.5.5 流程管理 …… 013

第 2 章 常用计量仪器设备 …… 015

2.1 游标卡尺 …… 016

2.1.1 功能结构与原理 …… 016

2.1.2 游标卡尺的分类 …… 017

2.1.3 使用实例 …… 018

2.1.4 相关知识——游标卡尺的起源与发展 …… 019

2.2 激光测距仪 …… 020

2.2.1 功能种类及构成 …… 020

2.2.2 原理及特点 …… 022

2.2.3 使用实例 …… 023

2.2.4 相关知识——激光的起源与发展 …… 024

2.2.5 应用示例——激光测距仪在起重机检验中的应用 …… 024

2.3 万用表 …… 025

2.3.1 结构种类及结构 …… 025

2.3.2 功能 …… 027

2.3.3 使用实例 …… 028

2.3.4 相关知识——电工测量仪表 …… 029

2.4 接地电阻测试仪 …… 030

2.4.1 功能及种类 …… 030

2.4.2 钳形接地电阻测试仪 …… 032

2.4.3 使用实例 …… 032

2.4.4 相关知识——电梯接地装置 …… 034

2.5 绝缘电阻测试仪 …… 039

2.5.1 种类及原理 …… 039

2.5.2 绝缘电阻及测试要求 …… 040

2.5.3 使用实例 …… 041

2.5.4 影响绝缘电阻的因素及提升阻值的措施 …… 043

2.6 静电电阻测量仪 …… 043

2.6.1 功能作用及种类 …… 043
2.6.2 测试方法及原理 …… 044
2.6.3 使用实例 …… 045
2.6.4 相关知识——静电阻 …… 046
2.7 钳形电流表 …… 046
2.7.1 功能及种类 …… 046
2.7.2 基本原理 …… 048
2.7.3 使用实例 …… 049
2.7.4 应用示例——电流表法测电梯平衡系数 …… 050
2.8 转速表 …… 052
2.8.1 功能及种类 …… 052
2.8.2 工作原理 …… 052
2.8.3 使用实例 …… 053
2.8.4 应用示例——电梯曳引机转速检测 …… 054
2.9 全站仪 …… 055
2.9.1 功能及种类 …… 055
2.9.2 结构功能与原理 …… 055
2.9.3 使用实例 …… 056
2.9.4 相关知识——全站仪、经纬仪与水准仪 …… 058

第 3 章 无损检测仪器设备 …… 060

3.1 测厚仪 …… 061
3.1.1 功能及种类 …… 061
3.1.2 超声波测厚仪 …… 062
3.1.3 使用实例 …… 063
3.1.4 示值失真原因 …… 064
3.2 硬度计 …… 066
3.2.1 功能及种类 …… 066
3.2.2 里氏硬度计 …… 067

3.2.3 使用实例 …… 067
3.2.4 相关知识——几种常见硬度计及材料硬度值 …… 069
3.2.5 应用示例——起重机械硬度检测 …… 070
3.3 超声探伤仪 …… 070
3.3.1 功能及种类 …… 070
3.3.2 工作原理 …… 071
3.3.3 使用实例 …… 072
3.3.4 应用示例——大型游乐设施内部检测 …… 073
3.4 磁粉探伤仪 …… 075
3.4.1 功能及种类 …… 075
3.4.2 基本原理 …… 075
3.4.3 使用实例 …… 076
3.4.4 应用示例——大型游乐设施表面检测 …… 077
3.5 射线探伤仪 …… 077
3.5.1 功能及种类 …… 077
3.5.2 相关知识——X射线 …… 078
3.5.3 使用实例 …… 081
3.5.4 应用示例——过山车轨道焊缝内部缺陷检测 …… 082
3.6 热成像仪 …… 083
3.6.1 功能及种类 …… 083
3.6.2 原理与结构 …… 084
3.6.3 相关知识——红外线技术发展 …… 084
3.6.4 使用实例 …… 086

第 4 章 环境检测仪器设备 …… 088

4.1 温湿度计 …… 089
4.1.1 功能及种类 …… 089
4.1.2 温湿度计的构造 …… 089
4.1.3 使用实例 …… 090

4.1.4 应用示例——电梯环境温湿度测量与要求 …………091
4.2 噪声检测仪(声级计)……………………………………092
4.2.1 功能种类及构造 ……………………………………092
4.2.2 使用实例 ……………………………………………092
4.2.3 相关知识——声音强弱等级 …………………………093
4.2.4 应用示例——电梯噪声测试 …………………………095
4.3 可燃气体分析仪……………………………………………096
4.3.1 功能及种类 …………………………………………096
4.3.2 工作原理 ……………………………………………097
4.3.3 使用实例 ……………………………………………099
4.3.4 相关知识——可燃气体 ………………………………100
4.4 测氧仪 ………………………………………………………101
4.4.1 功能及种类 …………………………………………101
4.4.2 工作原理及特点 ……………………………………101
4.4.3 使用实例 ……………………………………………102
4.4.4 相关知识——受限空间氧气含量 ……………………104
4.5 照度计 ………………………………………………………104
4.5.1 功能及种类 …………………………………………104
4.5.2 工作原理 ……………………………………………105
4.5.3 使用实例 ……………………………………………105
4.5.4 相关知识——电梯照度要求 …………………………106
4.6 风速仪 ………………………………………………………107
4.6.1 功能及种类 …………………………………………107
4.6.2 工作原理 ……………………………………………107
4.6.3 使用实例 ……………………………………………108
4.6.4 相关知识——风级 ……………………………………110

第 5 章 检验检测专用仪器设备 ……………………………112

5.1 电梯限速器动作测试仪 ……………………………………112

5.1.1 功能及原理构造 …… 112
5.1.2 使用实例 …… 113
5.1.3 相关知识——限速器合格判定标准 …… 114
5.2 电梯平衡系数测试仪 …… 115
5.2.1 平衡系数检测仪的功能及类型 …… 115
5.2.2 平衡系数测试仪的构造 …… 116
5.2.3 使用实例 …… 118
5.3 电梯振动及加减速度分析仪 …… 119
5.3.1 功能种类 …… 119
5.3.2 工作原理及结构 …… 120
5.3.3 相关知识——电梯运行加减速度 …… 120
5.3.4 使用实例 …… 122
5.3.5 应用示例——电梯振动分析 …… 123
5.4 起重机吊索具探伤仪 …… 124
5.4.1 功能及种类 …… 124
5.4.2 工作原理 …… 125
5.4.3 使用实例 …… 125
5.4.4 应用示例——塔式起重机吊钩检测 …… 126
5.5 场（厂）车转向参数测试仪 …… 126
5.5.1 功能及种类 …… 126
5.5.2 结构组成 …… 127
5.5.3 使用实例 …… 127
5.5.4 相关知识——转向力、转向角测试 …… 128
5.6 场（厂）车踏板/手刹力计 …… 129
5.6.1 功能及种类 …… 129
5.6.2 工作原理 …… 129
5.6.3 使用实例 …… 129
5.6.4 相关知识——场（厂）车踏板力要求 …… 131
5.7 便携式制动性能测试仪 …… 131
5.7.1 功能及种类 …… 131

5.7.2 结构组成 ………………………………………………………… 132
5.7.3 使用实例 ………………………………………………………… 132
5.7.4 相关知识——观光车制动性能评价 ………………………… 133
5.8 应变测试仪 ………………………………………………………… 134
5.8.1 功能原理及种类 ……………………………………………… 134
5.8.2 结构组成 ………………………………………………………… 135
5.8.3 使用实例 ………………………………………………………… 135
5.8.4 相关知识——应变与应力 ……………………………………… 138
5.9 多功能综合测试仪 ………………………………………………… 139
5.9.1 主要功能 ………………………………………………………… 139
5.9.2 常见种类 ………………………………………………………… 140
5.9.3 工作原理 ………………………………………………………… 140
5.9.4 主要技术特点 …………………………………………………… 140
5.9.5 使用实例 ………………………………………………………… 141

参考文献 ……………………………………………………………… 143

附录 …………………………………………………………………… 146

附录 1 机电类特种设备目录 ……………………………………………… 146
附录 2 我国部分特种设备检验检测机构名录 …………………………… 149
附录 3 部分检验项目设备配置要求 ……………………………………… 152
附录 4 市场监管总局关于实施强制管理的计量器具目录（2020 年版）…… 153

第1章
绪 论

1.1 机电类特种设备及检验检测概述

1.1.1 机电类特种设备内涵

根据《中华人民共和国特种设备安全法》，特种设备是指对人身和财产安全有较大危险性的锅炉、压力容器（含气瓶）、压力管道、电梯、起重机械、客运索道、大型游乐设施和场（厂）内专用机动车辆，以及法律、行政法规规定的其他特种设备。机电类特种设备包括电梯、起重机械、客运索道、大型游乐设施和场（厂）内专用机动车辆五大类，31 个小类别、49 个品种，详见附录 1——机电类特种设备目录。

机电类特种设备通常以电力、机械或液压为动力，具有较大的危险性，广泛应用在各个领域。对广大群众而言，机电类特种设备是人们生活、工作、娱乐中经常接触且不可缺少的工具；对生产企业而言，机电类特种设备是企业生产的重要技术装备。这些设备的安全运行对于保障人民群众的生命财产安全和社会稳定至关重要。

1.1.2 特种设备检验检测机构情况

特种设备检验检测机构（简称特检机构）通过专业、科学的技术手段和服务保障特种设备安全运行，预防事故发生，保护人民生命财产安全，促进经济社会可持续发展。国内知名的特种设备检验检测机构详见附录 2——我国部分特种设备检验检测机构名录。

截至 2024 年年底，全国特种设备总量达 2294.18 万台。其中机电类特种设备：电梯 1153.24 万台、起重机械 304.81 万台、客运索道 1168 条、大型游乐设施 2.54 万台（套）、场（厂）内专用机动车辆（以下简称场车）230.86 万台。

截至 2024 年年底，全国共有特种设备检验检测机构 5328 家，持证 5609 个。其中，特种设备综合性检验机构 620 个，型式试验机构 42 个，无损检测机构 895 个，电梯检测机构 110 个。特种设备综合性检验机构包括市场监管系统内检验机构 263 个、社会检验机构和企业自检机构 355 个、技术检验机构 2 个。

这些检验检测机构在我国呈现区域发展不平衡的状况，东部地区检验检测能力较强，中西部地区相对较弱。部分机构技术手段相对落后，创新能力不足，难以满足高端需求，部分机构存在的低价竞争、检测质量不高等仍是当前面临和需要解决的问题。

1.1.3 特种设备检验检测行业发展

特种设备检验检测行业是指对特种设备的安全性能进行检验检测、评估和监督的专门领域，是保障特种设备安全运行的重要支撑行业，主要通过检验检测技术、仪器设备和专业人员对特种设备进行全面的检查，确保其处于安全的状态。

特种设备检验检测行业的发展与我国特种设备安全管理法律法规的完善密切相关。近年来，随着社会的发展和多领域技术及政策的推进以及国家对特种设备安全监管的重视，特种设备的数量不断增加，对检验检测服务的需求也随之增长，检验检测技术不断进步，仪器设备日益先进，检验检测能力显著提升。在技术进步、政策支持和市场需求的多重驱动下，行业将朝着更加规范化、智能化和国际化的方向发展，为特种设备的安全使用提供更加可靠的保障。

1.1.4 检验检测相关强制规定

根据《中华人民共和国特种设备安全法》《特种设备安全监察条例》，《电梯监督检验和定期检验规则》（TSG T7001—2023）、《电梯自行检测规则》（TSG T7008—2023）、《起重机械安全技术规程》（TSG 51—2023）、《场（厂）内专用机动车辆安全技术规程》（TSG 81—2022）、《大型游乐设施安全技术规程》（TSG 71—2023）、《客运索道监督检验和定期检验规则》（TSG S7001—2013）等法律法规、规程对各类机电类特种设备检验检测范围、机构、仪器设备、定期检验检测周期等做出详细的规定。下面重点介绍部分强制规定。

（1）电梯

① 检验机构应当按照《电梯监督检验和定期检验规则》（TSG T7001—2023）中的“电梯检验内容、要求和方法”对电梯进行检验。

② 检验机构应当配备与规定要求相适应的检验仪器和设备，并且按照相关规定进行检定或者校准。进行检验前，检验人员应当确认仪器设备状态良好。

③ 定期检验应当以安装监督检验合格日期为基准，按照以下周期和要求实施：

a. 15 年以内的电梯，分别在第 1、第 4、第 7、第 9、第 11、第 13、第 15 年进行一次定期检验；

b. 超过 15 年的电梯，每年进行一次定期检验；

c. 经重大修理并且监督检验合格的电梯，当年的定期检验不再实施，其后仍然按照前款确定的年份进行定期检验；

d. 停用 1 年以上重新启用前，进行定期检验；其后仍按照前款确定的年份进行定期检验。

④ 电梯安装监督检验合格后，按照《电梯监督检验和定期检验规则》（TSG T7001—2023）规定应当实施检验之外的年份，每年进行一次自行检验。

（2）起重机械

① 起重机械的检验分为型式试验、监督检验和定期（首次）检验三种类型。

② 检验检测仪器应当经计量检定（校准）合格，并且在有效期内。

③ 检验机构应当在核准的检验范围内从事相应的检验工作，并且对检验报告的真实性和正确性负责。

④ 在用起重机械定期检验周期如下：

a. 塔式起重机、升降机、流动式起重机、缆索式起重机，每年 1 次；

b. 桥式起重机、门式起重机、门座式起重机、桅杆式起重机、机械式停车设备，每 2 年 1 次；

c. 定期检验日期以安装、改造、重大修理监督检验，首次检验，依规停用后重新检验的检验合格年月为基准计算，下次定检日期不因本周期内的流动作业、复检、不合格整改或者逾期检验等因素而变动。

(3) 场（厂）内专用机动车辆

① 定期检验是指在场车生产单位或者使用单位进行自行检查的基础上，由经核准的特种设备检验机构依据《场（厂）内专用机动车辆安全技术规程》（TSG 81—2022）对场车按照一定的周期进行的检验。场车投入使用前或者改造后进行的定期检验也称首次检验。

② 在用叉车的定期检验每 2 年 1 次；在用非公路用旅游观光车辆的定期检验每年 1 次。

③ 检验机构检验用的仪器设备和计量器具，应当按照规定经过检定、校准。

(4) 大型游乐设施

① 大型游乐设施检验包括设计文件鉴定、型式试验、监督检验和定期检验。

② 从事大型游乐设施检验的检验机构，应当经核准取得相应资质后方可开展相应的检验工作。

③ 检验机构应当配备与检验工作相适应的检验仪器和设备，并且按照相关规定进行检定或者校准。进行检验前，检验人员应当确认仪器设备状态良好。

④ 大型游乐设施定期检验周期为 1 年；定期检验日期以监督检验、停用后重新检验的检验合格日期为基准计算，下次检验日期精确到月，月份一般为上次检验合格日期的当月。

(5) 客运索道

① 新建、改造或者重大修理的客运索道，应当按照《客运索道监督检验和定期检验规则》（TSG S7001—2013）的规定进行监督检验；在用客运索道应当按照上述规则的规定进行定期检验。

② 客运架空索道和客运缆车监督检验合格后，每 3 年进行 1 次全面检验，其间的 2 个年度，每年进行 1 次年度检验。客运拖牵索道不进行全面检验，每年进行 1 次年度检验。

1.2 检验检测仪器设备功能及配置选用

1.2.1 仪器设备功能

特种设备不同于普通设备，其往往承担着重要的安全功能，只有准确测量特种设备状态的相关数据，为检验检测工作提供数据支持，提供科学的决策依据，才能保证其持续处于正常运行状态。在检验检测中，仪器设备扮演着至关重要的角色，它们是确保检验检测结果的准确性、可靠性和重复性的基础。以下是仪器设备在检验检测中的关键作用。

① 运行环境监测：对特种设备及人员使用和作业环境进行监测，如气体检测仪测量环境中是否存在有毒有害气体、温度计测量温度等，监控环境参数是否满足要求。

② 合规性检查：使用专门的仪器设备检查各项数据是否符合相关规范和标准要求。

③ 性能测试：对设备和系统进行性能测试，如使用硬度计测量材料的硬度值；使用振动分析仪检测机械振动；使用 X 射线检测仪、超声波检测仪等设备，在不损害被检测物体的情况下，进行内部缺陷检测。

④ 安全性评估：使用绝缘电阻测试仪等设备来评估电气设备的安全性能。

⑤ 故障诊断：使用各种诊断工具，如超声波检测仪、红外热成像仪等，检测设备的异常和潜在故障。

仪器设备在特种设备检验检测中发挥着至关重要的作用。它们能够帮助检验检测人员测量设备运行环境、状态、参数，及时发现设备内部的缺陷、裂纹、腐蚀等问题，从而预防潜在的安全事故。利用仪器设备进行检验检测还可以评估设备的性能和使用寿命，对设备进行故障诊断，为机电类特种设备的维修和更新提供科学依据。

此外，选择合适的仪器设备和检测方法对于获得精确和可靠的检测结果至关重要。特种设备随着各个行业的快速发展而得到了更多的应用，检验检测水平得到了不断提高，各种新型先进仪器设备也得到了应用，为检验检测工作向高水平迈进奠定了基础。

1.2.2 仪器的配置要求及应用

TSG Z7001—2021《特种设备检验机构核准规则》、TSG Z7002—2022《特种设备检测机构核准规则》中对各检验检测项目需配置的检验检测仪器设备做了详细的要求，部分核准检验项目设备配置要求详见附录 3——部分检验项目设备配置要求。

特种设备检测仪器的种类繁多，每种仪器都有其特定的应用场景和检测目的。例如，电梯振动测试仪用于测量电梯的振动和启制动性能；钢丝绳探伤仪用于检测钢丝绳的损伤和疲劳程度；超声波测厚仪可以测量设备壁厚的损失；吊索具探伤仪用于对起重机吊具、索具的无损探伤等；超声波探伤仪利用超声波在材料中传播的特性，能够准确检测出起重机械、大型游乐设施等设备内部的裂纹、夹渣等缺陷；硬度计和测厚仪等可以测量材料的硬度和厚度，评估材料的物理性能，确保设备在规定的安全范围内运行。

在检验检测时，应根据检测项目和标准，选择合适的仪器。例如，对于表面的开裂，选用磁粉或渗透检测。焊缝内部的开裂大多采用超声波检测，必要时采用射线检测。

选择仪器时，除了考虑其功能外，还需要考虑其性能指标，如量程、灵敏度、准确度、稳定性、抗污染能力、安全性能等。

使用特种设备检验检测仪器时，需要严格按照操作规程进行，确保检测结果的准确性和可靠性。同时，对检验检测仪器的管理和维护也是至关重要的，包括采购、验收、使用、修理、报废等程序，都需要依照各项要求进行。

总的来说，特种设备检验检测仪器是保障特种设备安全运行的重要工具，它在提高设备性能、预防事故发生、保障人员安全等方面发挥着关键作用。因此，为了更好地完成特种设备的检验检测工作，必须充分选好、用好这些先进的检验检测仪器设备。

1.3 常用仪器设备分类

电梯、起重机械、场（厂）内专用机动车辆、大型游乐设施、客运索道五大类机电类特种设备广泛应用在各行各业中，涉及多学科交叉知识，涵盖机械、电气、电子、自动化、材料、力学、环境、安全工程等领域。检验检测用到的仪器设备涉及力、时间、温度、湿度、几何量、声、光、电、磁等多种量值参数，如起重机检测中激光测距仪涉及距离这一几何量的测量，温度计涉及设备、环境温度的测量，场车检测中的液压踏板力计、手刹力计涉及力的测量，秒表涉及时间的测量等。

特种设备检验检测仪器设备具有种类繁多、精度要求高、专业技术性强等特点，为了便于简化认识，将复杂的各类设备按照功能、特点、用途姑且分为常用计量类、无损检测类、环境检测类、专用检验检测类。

1.3.1 常用计量仪器

在机电类特种设备检验检测中，计量检测仪器设备是确保设备性能、安全性和合规性的重要工具。这些仪器主要用于测量设备的几何尺寸、力学性能、电气参数等，是不可或缺的技术手段。机电类特种设备检验检测过程中常用的计量仪器包括（不限于）以下几类。

① 几何尺寸计量仪器：用于测量长度、角度等几何量。常见仪器有直尺、卷尺、游标卡尺、千分尺、角度尺、角度测量仪等。如：游标卡尺用于测量长度、内径、外径和深度；千分尺（螺旋测微器）用于高精度的长度测量；角度尺用于测量工件角度。

② 力学计量仪器：用于测量力或力矩。如拉力计、扭矩扳手等。

③ 电工计量仪器：用于测量电流、电压、电阻等。常见仪器有电流表、电压表、万用表等。如电流表用于测量电流。

④ 光学计量仪器：用于测量光学参数。常见仪器有水平仪、经纬仪、全站仪、激光测距仪、激光测速仪等。如激光测距仪用于非接触式距离测量。

⑤ 声学计量仪器包括声级计、频谱分析仪、多通道数据采集系统等。

1.3.2 无损检测设备

无损检测是在不破坏被检对象的前提下，利用声、光、电、磁等特性，检测被检对象中是否存在缺陷或不均匀性的技术。无损检测对材料或结构件实施一种不损害或不影响其未来使用性能或用途的检查和测量，弥补了常规检验方法的不足。其直接作用是：

① 发现材料或工件表面和内部存在的缺陷；

② 测定材料或工件的内部组成或组织、结构、物理性能和状态等；

③ 测量工件的几何特征和尺寸。

无损检测技术是与每一种无损检测手段有关的专门的工艺规程、方法和仪器设备的总体，通常涉及许多方法和工艺规程。目前机电类特种设备检验中用到的无损检测方法有超声波检测、射线检测、渗透检测、磁粉检测、涡流检测、热像/红外检测等。

常见的无损检测设备包括：超声波探伤仪、磁粉探伤仪、射线探伤机、硬度计、超声波测厚仪、远红外热成像仪等。这些设备广泛应用于机电类特种设备的检测中，能够发现材料内部的晶间磨损、裂纹、气孔、夹渣、未熔合、未焊透等缺陷。

1.3.3 环境检测仪器设备

在机电类特种设备检验检测中，环境检测仪器设备是确保设备安全运行和检验准确性不可或缺的工具。这些仪器主要用于测量和监控与特种设备相关的环境参数，如温度、湿度、气体浓度、噪声、振动等，用以确定特种设备对工作环境的适应性。常见的环境检测设备有温湿度计、可燃气体分析仪或氧气浓度检测仪、声级计、风速仪、照度计等。

1.3.4 专用检验检测用仪器设备

机电类特种设备专用检验检测用仪器设备主要包括：电梯限速器动作测试仪、场（厂）车转向参数测试仪、电梯平衡系数测试仪等。这些设备用于检测机电类特种设备的运行状态、安全性能及各项参数，确保其处于正常状态。

综上所述，特种设备检测仪器设备种类繁多，功能各异，但其共同的目标都是确保特种设备的安全运行。科学合理地使用这些设备，可以及时发现并消除特种设备中的安全隐患，保障人民生命财产安全。

1.4 仪器设备技术现状及发展趋势

1.4.1 仪器设备技术现状

特种设备检验检测仪器技术在确保安全和设备正常运行中扮演着关键角色。机电类特种设备检验检测从最简单的直尺、卷尺等仪器设备不断发展。当前的技术现状主要涵盖以下几个方面。

① 高精尖仪器：当前市场上已经存在多种高精度和高灵敏度的检测仪器，如超声波检测仪、红外热成像仪、X 射线检测系统等。

② 综合检测平台：集成多种检测功能的综合平台，能够同时对设备的多个参数进行检测，提高检测效率。

③ 便携式和多功能化设备：为了适应各种检测环境，便携式的检验仪器越来越受欢迎，它们便于携带并且在现场能够快速进行检测。多功能仪器能够减少设备数量和检测时间，从而提高检测效率。

④ 数据记录与分析：现代检验仪器通常配备数据记录功能，并可通过专用软件进行数据分析，使检测结果更加准确和可靠。

⑤ 自动化和智能化：部分高端检测仪器已经实现了自动化和智能化，能够进行自主检测，减少人为干预导致的错误。

1.4.2 仪器设备发展趋势

特种设备检验检测仪器技术的发展，将不断提高检测的准确性、效率和便捷性，为保障特种设备的安全运行提供更为坚实的技术支撑。随着科技的不断进步，信息技术的发展推动着检验检测仪器设备向实时监测、大数据分析预警等方向发展。表现在以下几个方面。

① 人工智能融合：人工智能技术将被更多地融入检验仪器中，实现智能分析和故障预测。

② 物联网应用：物联网技术将使检验仪器实现远程监控和数据共享，提高检测的实时性和便捷性。

③ 无损检测：无损检测技术将得到进一步的发展和应用，以提供更为安全、高效的检测手段。

④ 微型化和模块化：检验仪器将向微型化和模块化发展，以适应更复杂的检测环境和多变的应用需求。

⑤ 绿色环保：环保型检测技术将受到重视，以减少检测过程中对环境的负面影响。

⑥ 标准化和认证：检测技术和仪器将更加注重标准化和获得国际认证，以满足全球市场的需求。

⑦ 用户体验：提高用户界面友好性，简化操作流程，使非专业用户也能轻松操作复杂的检验仪器。

⑧ 多学科交叉：结合材料科学、电子信息、机械工程等多学科知识，开发更为先进的检测技术和仪器。

⑨ 高新技术驱动：随着高精度传感器、激光技术、算法优化等高新技术发展，一些新的检验检测仪器设备应运而生，将不断提高检测的精度和效率。

⑩ 引入 AI 和大数据：智能机器人检测系统可替代人工完成高风险或危险环境的检验检测任务，数据驱动检测实施性和准确性，提高工作效率。

随着大数据和人工智能技术的发展，检验检测技术正朝着智能化方向迈进。通过采集和分析大量的设备运行数据，可以预测设备的故障趋势，提前采取维护措施，避免事故的发生。同时，人工智能技术可以通过对历史数据的学习，自动识别设备的缺陷和隐患，提高检测的效率和准确性。

随着特种设备数量增加，检验检测仪器需求将持续上升，新的检验检测仪器将不断涌现，检验检测仪器将具备更高的数据分析能力和智能化水平，使用将更加便捷。新技术和新方法的应用为特种设备的安全运行提供了更加有力的保障。

1.5 使用管理要求

特种设备检验检测的技术性较强，其技术难度也相对较大，并且随着特种设备使用量的增多，很多特种设备检验检测机构因为检验检测事故的发生被追究责任。导致事故的原因之一是检验检测特种设备时使用的仪器设备存在问题，仪器设备的日常管理存在漏洞。因此，特种设备检验检测机构进行仪器设备管理时，需要根据机构自身的情况，构建完善的管理制度和体系，以保证特种设备检验检测机构仪器设备管理的效果，避免检验检测事故的发生，促使特种设备检验检测各项工作可以高效优质地开展。

1.5.1 管理的重要性

仪器设备管理是保障特种设备检验检测准确性的重要手段，由此可见，仪器设备管理在特种设备检验检测机构中占据着重要的地位。

① 特种设备检验检测机构进行仪器设备管理时，主要是运用各项管理手段，完善管理流程和制度等，提升仪器设备管理工作的规范性。同时，强化仪器设备管理工作，有利于特种设备检验检测工作有序地开展，保障检验检测工作的稳定性，提升工作的效率。

② 对于特检机构来说，检验检测工作的准确性是第一位的。因此，特种设备检验检测机构在进行仪器设备管理时，会针对仪器设备的情况，做好一切相关的维护工作，确保各项仪器设备的使用性能，提高仪器设备的准确性。另外，通过利用科学的管理系统，为各项工作的有力开展提供了便利的条件。同时，做好特种设备检验检测机构仪器设备管理工作，对于降低特检机构的成本也是非常有利的，主要是可以及时发现仪器设备存在的问题，并且加以解决，避免很多不必要的问题产生。

③ 仪器设备管理工作可以确保仪器设备在使用期间保持一个良好的状态，为检验检测工作带来便利的条件，使检验检测人员在工作中有一个良好的工作环境。当仪器设备出现异常状况时，应当停止使用，做好标识和处置工作，并对之前检验检测结果的影响进行评价和处置。强化仪器设备管理，有利于特检机构形成一套完善的发展体系，为特检机构的发展提供有力的支撑。

1.5.2 检定校准

为了确保这些仪器设备在检验检测中的有效性，检验检测人员需熟练掌握设备的操作方法，并进行定期检定和校准，以保证测试结果的准确性，确保计量仪器的检定校准结果可溯源至国际计量基准（如国际单位制 SI）。机电类特种设备检验检测项目一般分为凭借检验检测人员经验进行的定性判断和需要用仪器设备测量的定量判断两类，这两类项目的判断结果直接影响特种设备的检验结论。对于定量判断的项目，必须确保仪器设备测量数据的准确性，才能保证检验结论的准确、科学。加强计量器具检定和校准是保证特检机构质量体系正常运行的必要条件。按照相关法律法规要求，国家对关系公共利益的计量器具实行强制管理。实行强制管理的计量器具目录详见附录 4——实施强制管理的计量器具目录（2020 年版）。

计量检定是由法律法规许可的计量部门或法定授权组织按照检定规程，通过试验提供证明，来确定测量器具的示值误差是否满足规定要求的活动。

校准指在规定条件下，为确定测量仪器或测量系统所指示的量值，或实物量具或参考物质所代表的量值，与对应的由标准所复现的量值之间关系的一组操作。校准可能包括检验、校正、报告或通过调整来消除被比较的测量装置在准确度方面的偏差。

计量检定和校准是两种关键的技术手段。虽然两者都涉及测量设备的准确性验证，但其法律效力、实施要求等有显著差异。

（1）法律效力不同

检定——依据《中华人民共和国计量法》及配套法规（如《强制检定计量器具目录》），具有法律强制性，需由法定计量机构执行。通过法定程序对测量仪器进行强制性全面检测，判定其是否符合法定技术要求。

校准——通过技术手段确定测量仪器示值与标准值之间的误差，不具有强制性，属于自愿行为。自行确定监视及测量装置量值是否准确，属自下而上的量值溯源，评定示值误差。校准是与计量标准比较，给出“测得值±扩展不确定度”。

（2）实施要求不同

检定——全面检测包括示值误差、重复性、稳定性等，并判定合格/不合格。

校准——侧重示值误差测量，提供实际误差数据和不确定度，不判定合格与否（由使用方根据需求判断），可由企业、第三方机构或实验室自主进行。

所有仪器设备的状态应进行标识，在仪器设备上分别粘贴国家统一制定的确认标识。经计量检定合格的，或无法检定但经鉴定校准适用的仪器贴合格证（绿色）；仪器设备的某些功能丧失但主要性能指标和精度能满足检验检测工作要求、附件基本齐全且经核查合格的仪器贴准用证（黄色）；仪器设备超过检定周期的、仪器设备损坏后经计量检定不合格或其性能无法满足规定的仪器贴停用证（红色）。

1.5.3 期间核查

仪器设备的准确性可通过定期外部检定/校准确认，但由于检定/校准的周期比较长（通常为一年），仪器设备使用一段时间后，容易产生漂移和过载，尤其是一些使用频繁、使用环境恶劣及工作不稳定的仪器设备。特种设备检验用的检测仪器设备多种多样，且由于特检机构的大部分仪器是在检验检测现场使用的，路途颠簸、电磁干扰、温度、湿度、尘土等，都可能对仪器的精度或性能造成影响，其性能是否仍然稳定、准确度是否仍符合要求，则需要仪器设备使用者对仪器设备在两次检定/校准之间进行定期的期间核查，考察仪器设备的稳定性和可靠性，以维持仪器设备校准状态的可信度。因此，检验检测仪器的期间核查成为特种检测机构经常性的工作。

在用检验检测仪器设备期间核查的目的是维持仪器设备检定/校准状态的可信度，防止在两次正式检定/校准间隔期间使用不符合规程、标准要求的仪器设备。特检机构主要针对使用非常频繁、示值易漂移、性能不太稳定的在用检验检测仪器设备制定年度核查计划。根据仪器设备的原理和性能特征，选择合适的期间核查方式（比对法、检定法）及评定方式对仪器进行有效核查。对仪器设备进行期间核查，可以及时发现潜在的不合格，防止仪器设备误用，保证检验检测结果的持续准确、有效。期间核查的方法有多种，可以参照有关标准方法或技术规定中的要求，也可以参照仪器设备供应商在使用说明书中提供的方法。常用的方法有传递测量法、多台（套）设备比对法、两台（套）设备比对法、实验室比对法等。可根据实验室或机构的特点，从被核查仪器设备的特性及实用性、经济性、可行性、可靠性等方面综合考虑选择期间核查方法。

1.5.4 资料管理

特种设备检验检测工作需要配置满足工作要求的仪器设备，建立和完善仪器设备管理资料，规定仪器设备的唯一性标识和状态标识。

建立检验检测仪器设备档案，包括出厂资料，采购验收记录，检定、校准和核查记录，使用、维修和保养记录等。

仪器设备档案资料应包括：仪器设备及其软件的名称、唯一性标识；制造商名称、型式型号、系列号或出厂编号；接收日期、启用日期、接收时的状态和验收记录；设备存放地点与状态；制造单位提供的使用维护说明书及配件目录等相关资料；所有检定/校准证书和测试报告；设备调试、验收记录和检定计划；历次修理和今后维护保养计划的细节；仪器设备的损坏、故障、改装、改进或者修理记录等。

建立仪器设备检定、校准和核查台账，制订检定、校准和核查计划，对检定、校准和核查结果进行确认。

建立检验仪器操作规程，必要时，对使用人员进行培训和授权。

建立仪器设备的领用、状态确认、使用和归还记录。

当仪器设备出现异常状况时，应当停止使用，做出标识和处置，并对之前检验检测结果的影响进行评价和处置。

1.5.5 流程管理

特种设备检验检测机构将仪器设备作为主体，各项工作都是围绕仪器设备展开的，并且特种设备检验检测机构涉及的仪器设备较为复杂，所以如果在该方面管理不善，很容易导致后续检测工作产生误差，造成严重的影响。因此，在特种设备检验检测机构仪器设备管理期间，一定要重视对设备各管理流程的管控，具体可以从以下几个方面展开。

（1）采购与验收

采购与验收是仪器设备管理流程中的一项基础内容。首先，管理人员需要结合技术部门所给出的技术报告提出仪器设备采购的需求。仪器设备采购完成以后，需要管理部门组织仪器设备使用人员，以及相关的技术人员对设备进行验收，主要检查仪器设备的采购合同、技术协议、出厂资料等方面，同时还需要对仪器设备包装的标识进行检查，确保仪器设备的质量。另外，在验收完成以后，所有参与验收的人员需要填写仪器设备验收单，在检查没有任何问题以后，需要签字确认，并由管理部门统一保管。

（2）设备标识状态管理

特检机构使用的检验检测仪器设备类型较为复杂，所以为了便于仪器设备的分类及查看仪器设备的使用状态，需要根据仪器设备的属性及程序文件要求，编辑仪器设备编号，建立仪器设备台账。同时，还需要构建仪器设备的名称、型号以及管理负责人员等相关信息，这样在后期仪器设备出现问题时，可以直接、快速地找到负责人。另外，仪器设备需要用标识管理和分区存放的方式。合格证用绿色标识，主要适用于计量检定及校准合格、自检功能正常、正常使用等的仪器设备，并且经过验证确认设备为合格；停用证用红色标识，主要是针对那些已经损坏的设备，经过计量或校准不能使用，还有已经报废的仪器设备。正常使用和停用、报废的仪器设备应分区摆放，这样可以大大提升特种设备检验检测机构仪器设备管理的便利性。

(3) 仪器设备维护与保养

仪器设备在特种设备检验检测中难免会出现损耗的问题，所以在管理期间，需要根据仪器设备的使用情况定期进行维护和保养，确保仪器设备的正常使用。首先，管理人员需要根据仪器设备使用操作说明书，以及后期维护和保养指导、仪器设备使用的情况等，定期进行维护和保养，以此确保仪器设备在特种设备检验检测的时候处于最佳的状态；然后，针对一些大型的仪器设备或复杂的仪器设备，需要检验检测技术人员填写使用记录、维修记录以及损坏记录，并且需要严格按照要求进行维护和保养，以此避免特种设备检验检测机构出现检验质量事故；最后，在仪器设备使用期间，管理人员也需要随时监督，分析仪器设备是否出现故障，如果发现异常需要立即与检验检测技术人员进行沟通，停止检验检测工作，进行仪器设备的维护和保养。

(4) 更新与淘汰

定期对仪器设备的性能、精度、使用频率等进行检查和评估。引入信息化管理工具，实现仪器设备的动态监控和数据记录。及时跟踪新技术，对老旧仪器设备进行更新换代，对无法满足测试要求或存在安全隐患的仪器及时报废，从而有效提升仪器设备的整体性能，确保检验检测工作的准确性和可靠性，同时实现资源的合理配置和利用。

第2章 常用计量仪器设备

计量仪器设备是指将被测量转换成可直接观察的示值或等效信息的计量器具。计量仪器设备广泛应用于生产、科研领域和人民生活的各个方面，是确保量值准确可靠的重要工具。在计量中，首先确保使用同一单位制是非常重要的基本原则。这是因为不同单位制之间的单位定义和换算关系可能存在差异，如果混用单位制，容易导致数据错误、计算混乱，甚至影响科学研究和工程设计的准确性。

市制单位制是我国传统的一种计量体系，曾在历史上广泛使用，但随着国际单位制的普及，其应用范围逐渐缩小。目前，市制单位主要在农业、传统文化等领域中保留使用。国际单位制（SI）是全球通用的计量单位体系，为计量器具的设计和使用提供了统一的规范，确保了科学技术信息的国际交流和数据的一致性，避免了不同单位制之间的转换错误。

国际单位制源自18世纪末科学家的努力，最早于法国大革命时期的1799年被法国作为度量衡制度。1948年召开的第九届国际计量大会做出了决定，要求国际计量委员会创立一种简单而科学的、供所有米制公约组织成员国使用的实用单位制。1954年第十届国际计量大会决定采用米（m）、千克（kg）、秒（s）、安培（A）、开尔文（K）和坎德拉（cd）作为基本单位。1960年第十一届国际计量大会决定将以这六个单位为基本单位的实用计量单位制命名为“国际单位制（International System of Units）”，并规定其符号为“SI”。1974年第十四届国际计量大会又决定将物质的量的单位摩尔（mol）作为基本单位。因此，目前国际单位制共有七个基本单位。我国于1977年加入米制公约国际组织。通过基本单位的组合定义的物理量单位为导出单位［如力的单位为牛顿（$N=kg\cdot m/s^2$），速度的单位为 m/s 等］。SI 单位的优越性：统一性、简明性、实用性、合理性、科学性、精确性、继承性、长期适用性。

机电类特种设备检验检测采用的计量仪器设备包括多种类型，涉及几何尺寸、力学、电磁学、光学、声学等方面的测量。

常见的测量几何尺寸的仪器有直尺、卷尺、游标卡尺、千分尺、角度测量仪等。力学计量仪器，如拉力计、扭矩扳手等。电工计量仪器有电流表、电压表、万用表、接地电阻测试仪、绝缘电阻测试仪、静电电阻测量仪等。光学计量仪器有水平仪、经纬仪、全站仪、激光测距仪、激光测速仪等。声学计量仪器包括声级计、频谱分析仪、多通道数据采集系统等。

下面着重介绍几种机电类特种设备检验检测中常用的计量仪器设备。

2.1 游标卡尺

2.1.1 功能结构与原理

游标卡尺（Vernier scale）通常用来测量各种工件的长度。卡尺有带表卡尺、游标卡尺、数显卡尺、深度游标卡尺、内沟槽游标卡尺等。一般现场最常用的是游标卡尺，由固定卡脚（内量爪、外量爪）、制动螺钉、游标、尺身、深度尺杆等组成，如图 2-1 所示。

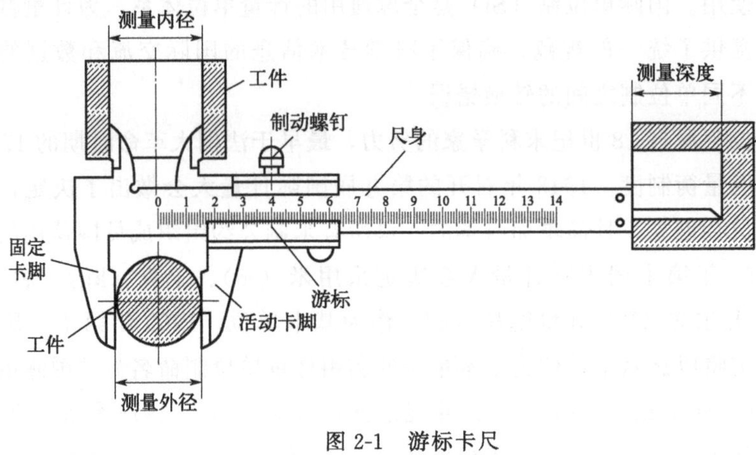

图 2-1 游标卡尺

游标卡尺是一种测量小尺寸的精密量具。游标卡尺由主尺和附在主尺上能滑动的游标两部分构成。从背面看，游标是一个整体。深度尺与游标尺连在一起，可以测量槽和筒的深度。

游标卡尺具有结构简单、使用方便、精度中等和测量尺寸范围大等特点，可以用来测量工件的内径、外径、长度、宽度、厚度、深度和孔距等，应用范围广，属于万能量具。主尺一般以毫米为单位，而游标上则有 10、20 或 50 个分格，根据分格的不同，游标卡尺可分为十分度游标卡尺、二十分度游标卡尺、五十分度游标卡尺等，游标为十分度的长 9mm，二十分度的长 19mm，五十分度的长 49mm。游标卡尺的主尺和游标上有两副活动量爪，分别是内量爪和外量爪，内量爪通常用来测量内径，外量爪通常用来测量长度和外径。

卡尺的原理是利用主尺上的刻线间距（简称线距）和游标尺上的线距之差来读出小数部分，例如：主尺上的线距为 1mm，游标尺上有 10 格，其线距为 0.9mm。当两者的零刻线相重合时，若游标尺移动 0.1mm，则它的第 1 根刻线与主尺的第 1 根刻线重合；若游标尺移动 0.2mm，则它的第 2 根刻线与主尺的第 2 根刻线重合。以此类推，可从游标尺与主尺上刻线重合处读出量值的小数部分。主尺与游标尺线距的差值 0.1mm 就是游标卡尺的最小读数值。同理，若它们的线距的差值为 0.05mm 或 0.02mm（游标尺上分别有 20 格或 50 格），则其最小读数值分别为 0.05mm 或 0.02mm。

2.1.2 游标卡尺的分类

(1) 按测量原理分类

① 普通游标卡尺：通过游标尺和主尺的刻度对齐来读取测量值，精度通常为 0.02mm 或 0.05mm。

② 数显游标卡尺：采用电子传感器和数字显示屏，直接显示测量值，精度高且读数方便。

③ 表盘游标卡尺：通过机械表盘显示测量值，适合快速读取数据。

(2) 按测量范围分类

① 小型游标卡尺：测量范围通常为 0～150mm，适合测量小型工件。

② 中型游标卡尺：测量范围通常为 0～300mm，适合一般工业用途。

③ 大型游标卡尺：测量范围可达 0～1000mm 或更大，适合测量大型工件。

(3) 按功能分类

① 普通型游标卡尺：仅用于测量长度、内径和外径。

② 深度游标卡尺：专门用于测量深度，通常带有深度测量杆。

③ 高度游标卡尺：用于测量工件的高度或划线，通常带有底座。

④ 带表游标卡尺：通过机械表盘显示测量值，适合快速读取数据。

(4) 按材质分类

① 不锈钢游标卡尺：耐腐蚀、耐磨损，适合一般工业环境。

② 碳钢游标卡尺：成本较低，但防锈性能较差。

③ 硬质合金游标卡尺：测量面采用硬质合金，耐磨性极佳，适合高精度测量。

(5) 按精度分类

① 普通精度游标卡尺：精度通常为 0.02mm 或 0.05mm，适合一般测量需求。

② 高精度游标卡尺：精度可达 0.01mm 或更高，适合精密测量。

2.1.3 使用实例

(1) 设备实例

设备名称	游标卡尺
型号	150mm
主要参数	①测量精度：0.02mm； ②测量范围：0～150mm
实物图	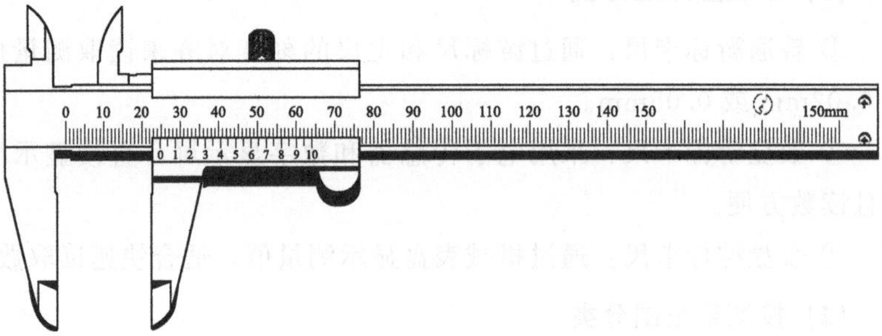

(2) 适用范围

用于测量 0～150mm 较短距离，且精度要求小于 0.02mm 的场合。

(3) 操作方法及注意事项

① 用软布将量爪擦净，使其并拢。

② 查看游标和主尺身的零刻度线是否对齐，如对齐就可进行测量，如没有对齐则记取零误差。

③ 右手拿住尺身，大拇指移动游标，左手持待测物，使待测物位于量爪之间，当量爪紧紧相贴时，即可读数。

④ 以游标零刻度线为准在主尺上读出整毫米数 L_1。

⑤ 看哪条刻度线与主尺上某刻度线对齐，从游标上读出毫米以下小数 L_2。

⑥ 测量读数应为 $L=L_1+L_2$。

⑦ 测量前查看游标和主尺身的零刻度线是否对齐，如对齐方可进行测量，否则测量结果有误差。

⑧ 游标卡尺是比较精密的测量工具，要轻拿轻放，不得碰撞或跌落至地上。使用时不要用来测量粗糙的物体，以免损坏量爪。不用时应置于干燥处防止锈蚀。

⑨ 测量时，应先拧松紧固螺钉，移动游标时不能用力过猛。两量爪与待测物的接触不宜过紧。不能使被夹紧的物体在量爪内挪动。

⑩ 读数时，视线应与尺面垂直。如需固定读数，可用紧固螺钉将游标固定在尺身上，防止其滑动。

⑪ 实际测量时，对同一长度应多测几次，取其平均值来减少偶然误差。

2.1.4 相关知识——游标卡尺的起源与发展

在形形色色的计量器具家族中，游标卡尺是一种被广泛使用的高精度测量工具，它是刻线直尺的延伸和拓展，最早起源于中国。

早期雏形：早在公元1世纪初的中国新莽时期，工匠们就已经发明了类似游标卡尺的量具并在生产中开始应用。1992年，在扬州市邗江县（今邗江区）甘泉乡东汉早期砖室墓出土的青铜卡尺（新莽卡尺），由固定尺和活动尺等部件构成，固定尺通长13.3cm，固定卡爪长5.2cm。其滑动结构和现代游标卡尺相似，能测量器物的直径、深度以及长、宽、厚，较直尺方便和精确，被认为是现代游标卡尺的鼻祖。但新莽卡尺并非游标读数，只能借助指示线，靠目测估出长度单位“分”以下的数据。在北京国家博物馆中珍藏的“新莽铜卡尺”，经过专家考证，是全世界发现最早的卡尺，制造于公元9年，距今2000多年。与我国相比，国外在卡尺领域的发明晚了1000多年，最早的是英国的“卡钳尺”，其外形酷似游标卡尺，但是与新莽铜卡尺一样，也仅仅是一把刻线卡尺，精度较低，使用范围较小。

现代游标卡尺的诞生：最具现代测量价值的游标卡尺通常被认为是由法国人

约尼尔·比尔（Pierre Vernier）在1631年发明的。在他的数学专著《新四分圆的结构、利用及特性》中记述了游标卡尺的结构和原理，而他的名字“Vernier”变成了“游标”一词。1851年，美国Brown&Sharpe公司将Nunes和Vernier这两个构想结合并制造出第一支游标卡尺，后由德国Masuer兵工厂加以改良制造，使游标卡尺成为工程上应用最广的量具之一。20世纪中叶，美国机械工业快速发展，美国夏普机械有限公司创始人于1985年秋，成功加工出了世界上第一批四把0～4in（1in＝2.54cm）的游标卡尺，其精度达到了0.1mm。

游标卡尺自诞生以来，在精度、功能、材质和制造工艺等方面不断发展和改进，以下是其主要的发展历程。

早期的游标卡尺精度相对较低，随着制造工艺的不断进步，精度逐渐提高。现代高精度游标卡尺的精度可以达到0.01mm甚至更高，能够满足各种精密测量的需求。

现今的卡尺可以同时测量物体的外径、内径和深度。数显游标卡尺的发明，通过电子传感器将测量数据转换为数字信号，并在显示屏上直接显示测量结果，读数更加直观、准确，还能方便地进行数据存储和传输。还有一些游标卡尺具备公英制转换功能，方便在不同度量衡体系下使用。最初的游标卡尺多采用普通金属材质，容易生锈和磨损。后来逐渐采用不锈钢、硬质合金等高性能材料，提高了卡尺的耐腐蚀性、耐磨性和刚性，保证了测量的准确性和卡尺的使用寿命。从传统的机械加工工艺到数控加工技术的应用，制造精度和生产效率大幅提高。数控加工能够保证游标卡尺的尺寸精度和表面质量，同时可以实现复杂的结构设计和批量生产。

游标卡尺最初主要应用于机械制造等工业领域。随着其性能的不断提升，现在已广泛应用于机械工业、航空航天、石油化工、特种设备检验检测等众多行业，成为各种精密测量工作中不可或缺的工具。

2.2 激光测距仪

2.2.1 功能种类及构成

激光测距仪（laser range finder）通过发射激光束并接收反射信号来测算目标物体与测量点之间的距离，利用激光的非接触性、快速性及高精度特性对目标进行准确定位。激光测距仪最基本的功能是测量两点之间的直线距离，测量范围从几分米到数千米不等。

激光测距仪可以按照多种方式进行分类，根据工作原理通常分为脉冲式激光测距仪和相位式激光测距仪。按测量范围分为短程激光测距仪、中程激光测距仪、远程激光测距仪。

脉冲式激光测距仪：向目标发射出一系列的激光脉冲，通过测量激光脉冲从发射到接收的时间间隔来计算出距离。其优点是测量范围广，可达到数公里甚至更远，适用于大地测量、远程目标定位等领域。例如，在野外地质勘探中，可用于测量山脉之间的距离。

相位式激光测距仪：通过测量发射激光与接收激光之间的相位差来计算距离。这种测距仪精度较高，一般可达到毫米级，常用于室内测量、精密工程测量等场景。如在建筑室内装修中，可精确测量房间的边长和对角线长度。

短程激光测距仪：测量范围通常为 0.1～200m。这类测距仪体积小、重量轻，便于携带，常用于室内空间测量、房产测量、机械工程等领域。例如，在测量大型游乐设备碰碰车场地面积时，使用短程激光测距仪可以快速准确地获取场地的尺寸数据。

中程激光测距仪：测量范围一般为 200m～5km。它在精度和测量范围上取得了较好的平衡，可应用于测绘、林业、电力等行业。比如，在电力线路巡检中，中程激光测距仪可用于测量输电线路与周边物体的距离。

远程激光测距仪：测量范围超过 5km，主要用于军事、航空航天、大地测量等领域。例如，军事上可用于对远距离目标的测距，为武器系统提供精确的目标距离信息。

激光测距仪主要由以下几个部分构成。

① 激光发射器　产生并发射激光束，通常使用半导体激光器。

② 光学系统　包括发射光学系统和接收光学系统。发射光学系统：聚焦和准直激光束，确保其准直性和方向性。接收光学系统：收集目标反射的激光，并将其聚焦到探测器上。

③ 探测器　接收反射激光并将其转换为电信号，常用光电二极管或雪崩光电二极管（APD）。

④ 时间测量单元　测量激光从发射到接收的时间，用于计算距离。

⑤ 信号处理单元　处理探测器输出的信号，提取时间信息并进行计算。

⑥ 显示单元　显示测量结果，通常为液晶显示屏（LCD）。

⑦ 控制单元　管理各部件的工作，协调测量过程。

⑧ 电源　提供电能，常用电池或外部电源。

⑨ 外壳　保护内部组件，提供手持或固定安装的机械结构。

2.2.2 原理及特点

激光测距仪的基本原理是利用激光对目标距离进行精确测量。在激光测距仪连续发射状态下，其测量距离一般为 3.5～5000m，而且不会受到时间上的限制；而激光测距仪在脉冲发射状态下，其测量精确度会相对有所降低，因而更适用于进行远距离的测量。

脉冲法测距仪：通过测量激光脉冲的往返时间差，利用公式（距离＝光速×时间差/2）计算距离。这种方法的测量范围较广，适用于远距离测量。

相位法测距仪：通过检测发射光和反射光之间的相位差，利用公式［距离＝波长×相位差/(4π)］计算距离。这种方法精度较高，适用于需要高精度测量的场合。

目前，在采用激光测距仪对目标距离进行测量时通常会选择脉冲法，由激光测距仪发射出来的激光在经过被测量物体的反射之后又重新被激光测距仪接收，同时将激光往返的时间进行记录。由此表明，被测量物体与激光测距仪之间的距离就是激光往返时间乘以光速的二分之一。

激光测距仪具有以下显著特点。

① 高精度：激光的单色性好、方向性强，加上先进的测量技术和算法，能够实现高精度的距离测量，部分激光测距仪的精度可达毫米级（如±1mm）甚至更高。

② 非接触式测量：不需要与被测物体直接接触，不会对被测物体造成损坏或影响，适用于测量高温、高压、有毒、易碎等危险或难以接近的物体。

③ 测量速度快：可以快速地发射和接收激光信号，并实时计算出距离，能够满足实时监测和快速测量的需求。

④ 抗干扰能力强：激光具有良好的方向性和单色性，不易受到外界环境光、电磁干扰等因素的影响，能够在复杂的环境条件下稳定工作。

⑤ 多功能性：现代激光测距仪通常具备多种功能。例如，面积测量，自动计算矩形或圆形区域的面积；体积测量，自动计算立方体或圆柱体的体积；连续测量，实时显示距离变化；角度测量，内置倾角传感器，可测量倾斜角度。

激光测距仪以其高精度、高效率和非接触式测量的特点，成为现代测量工具中的重要选择，广泛应用于多个领域。

2.2.3 使用实例

(1) 设备实例

设备名称	激光测距仪
型号	A8
主要参数	①最大发射功率：$<1mW$； ②发射波长：620～690nm； ③脉冲持续时间：$1\times10^{-9}s$
实物图	

(2) 使用范围

用于电梯、起重机械、大型游乐设施等特种设备或结构的尺寸、距离等参数测量。

(3) 操作方法及注意事项

① 轻触启动测量键，开启测距仪。

② 确定测量基准边，如前沿、后沿。

③ 用激光瞄准目标，再次轻触启动测量键，记录测量值。

④ 测量完毕，按下清除键直到初始画面出现，同时按下加和减键关闭测距仪。

⑤ 50s 无工作指令的情况下，测距仪会自动关机。

⑥ 利用标准距离可对测距仪进行自校，并可通过 OFFSET 菜单项进行修正。

⑦ 测量时，应轻触启动测量键，晃动会引起误差。

⑧ 不要直视激光束，直视激光束会对眼睛造成伤害，不要瞄准他人。

2.2.4 相关知识——激光的起源与发展

激光的原理源于 1917 年爱因斯坦解释黑体辐射定律时的假说。随着计量测试技术的发展，1950 年法国波尔多的两位中学教师发明了“光泵激”技术，这一技术后来被用来发射激光。1960 年，美国科学家梅曼发明了世界上第一台红宝石激光器，发射出波长为 694.3nm 的红色激光，标志着激光时代的正式开始。激光具有与电磁波相似的性质，且频率极其稳定。激光技术的发明让计量测试技术如虎添翼。1960 年，长度计量的“米原器”时代被彻底终结，人类从此迈入“量子时代”。自 1960 年以来，激光技术经历了快速发展和多样化应用。1961 年，氦氖激光器问世，成为第一台连续波激光器。1964 年，二氧化碳激光器首次实现了高功率激光输出。1970 年以来，高功率激光技术（如光纤激光器、碟片激光器）迅速进步，功率从毫瓦提升至千瓦甚至兆瓦级别。1981 年，钛宝石激光器的成功研制为超快激光技术的发展奠定了基础。1987 年，光纤激光器的发明推动激光技术向高效率、紧凑化和高功率方向发展。1996 年，激光技术应用于激光雷达，实现了三维成像和测距。2000 年，激光技术应用于增材制造（3D 打印），推动了制造业变革。2012 年，开发出阿秒（10^{-18}s）激光，用于研究电子动力学，推动了超快科学的发展。

如今，激光技术已广泛应用于科学研究、通信、高准确度测长、精密制造等领域，被称为“技术革命的领头羊”。激光技术的发展将在量子通信、纳米技术、核聚变能源和智能化制造等领域发挥重要作用，推动前沿科技进步。

2.2.5 应用示例——激光测距仪在起重机检验中的应用

激光测距仪作为一种以激光为载体，对距离进行精确测量的仪器设备，被广泛应用于起重机等特种机械设备的测量检验作业中，通过对实测数据与理论数据的核对，为起重机的安全稳定运行提供必要的数据支持。

传统意义上，在对起重机进行检验的过程中，所采取的方法主要为钢丝绳法或水准仪法。以钢丝绳法在起重机检验中的应用为例，由于钢丝绳在受到重力作用的情况下会呈现出一定程度的弯折，因此在数据测量方面存在比较大的误差。不但如此，钢丝绳无法长期持续使用，对于跨度较大且处于露天作业环境下的起重机而言，此种检验方法频频发生失效问题。对于水准仪法而言，在理想状态，即无风、天气晴朗的状态下，水准仪法可以确保所检测数据的准确性。但也正是由于水准仪法检验对起重机所处的检验环境，特别是环境风速有着极为严格的要求（要求环境风速≤13.8m/s），其实际操作性相对较低。而应用激光测距仪对起重机进行检验，能够完成包括起重机跨度指标、起重机车轮对角线误差指标以及起重机弹性下挠指标的测量作业。

与常规意义上操作繁杂的检验检测方法相比，在用激光测距仪进行检验的过程中，无论是门式起重机还是桥式起重机，其所对应的检测数据均具有较高的准确性。与此同时，在传统检验检测技术方案下，弹性下挠数值受到风力及振动等相关因素的影响，会出现一定的客观误差。而应用激光测距仪对其进行检验，则可以有效避免上述问题，并且在检验过程中，省去了对钢丝绳的悬挂及水准仪的架设等多项操作步骤，在提高检验精度的同时，达到了确保整个检验过程安全性的目的。

在应用激光测距仪对起重机弹性下挠指标进行测量的过程中，需要将其放置于起重机主梁跨中的地面，将处于空载状态下的小车行驶至其中任意一段的梁处。开启激光测距仪后，光线照射方向为主梁下盖板跨中位置。对此状态下激光测距仪所显示出的数值进行记录，将该数值作为主梁空载数值进行保存。在此基础之上，将小车行驶至起重机主梁跨中位置，以额定载荷操作起重机进行起重作业，在确保主梁处于稳定状态的情况下，记录激光测距仪所显示的数值，该数值则作为起重机主梁额载数值保存。按照以上测定方式，以主梁空载数值减去主梁额载数值则可获取起重机所对应的弹性下挠数值。

2.3 万用表

2.3.1 结构种类及结构

万用表（multimeter）是一种用于测量电压、电流和电阻等电学参数的常用工具。按测量方式，万用表主要分为指针式万用表和数字式万用表两种类型。指针式万用表通过表内电阻的串并联分压分流与电磁感应原理来测量电压和电流，其核心部件是游丝表头或张丝表头。数字式万用表采用LCD、VFD、LED或OLED等显示屏显示测量结果，通常具有更高的输入阻抗和立即读数的优势。

指针式万用表的核心部件如下。

游丝表头：指针式万用表的心脏部位，由表盘、磁钢、极掌、指针、游丝等部件构成。

张丝表头：主要用于高精度仪表，具有无摩擦、无倾斜影响、耐冲击和耐振动等优点。

数字式万用表的结构包括显示屏、选择旋钮、输入端口、测试引线、内部电路、电源、保护电路和外壳。

指针式万用表和数字式万用表对比如下：

① 显示屏。

指针式万用表：使用指针和刻度盘来显示测量结果。

数字式万用表：采用液晶或 LED 显示屏直接显示数字读数。

② 选择旋钮。

用于选择测量类型（如电压、电流、电阻）和量程。常见的挡位如下。

电压挡：直流电压（DCV）挡和交流电压（ACV）挡。

电流挡：直流电流（DCA）挡和交流电流（ACA）挡。

电阻挡：欧姆（Ω）挡。

③ 输入端口。

用于连接测试引线，常用端口如下。

COM：公共端，连接黑色测试引线。

VΩmA：用于测量电压、电阻和小电流，连接红色测试引线。

10A：用于测量大电流，连接红色测试引线。

④ 测试引线。

红色引线：连接正极。

黑色引线：连接负极或公共端。

⑤ 内部电路。

指针式万用表：基于动圈式电流表，通过指针偏转来显示测量值。

数字式万用表：包含模数转换器（ADC），将模拟信号转换为数字信号。

⑥ 电源。

指针式万用表：通常无需外部电源。

数字式万用表：使用电池供电，常见为 9V 电池。

⑦ 保护电路。

保险丝：防止过电流损坏仪表。

二极管和电容：用于保护电路免受电压冲击。

⑧ 外壳。

材料：通常为绝缘塑料，提供保护和防摔功能。

设计：符合人体工程学，便于手持操作。

2.3.2 功能

万用表是一种多功能、多量程的测量仪表，主要用于测量电压、电流、电阻等基本电气参数，并且可以扩展到测量电容、频率、温度等其他参数。万用表通常分为机械指针式和数字式两种类型。机械指针式万用表通过分流和分压电路测量不同物理量，而数字式万用表则使用模数转换器将被测信号转换为数字信号显示。

① 基本功能：电压、电流、电阻的测量。

a. 电压测量：用于测量交流（AC）或直流（DC）电压，单位是伏特（V）。常见的量程包括 200mV、2V、20V、200V、1000V 等。

b. 电流测量：用于测量交流或直流电流，单位是安培（A）。常见的量程包括 200μA、2mA、20mA、200mA、10A 等。

c. 电阻测量：用于测量电阻值，单位是欧姆（Ω）。常见的量程包括 200Ω、2kΩ、20kΩ、200kΩ、2MΩ、20MΩ 等。

② 高级功能：一些高端数字万用表还具备电容量测量、电感量测量、频率测量、温度测量等功能。

a. 电容测量：用于测量电容器的电容值，评估电容器的健康状况。

b. 频率测量：用于测量信号的频率，确定交流电源的频率或信号发生器的输出频率。

c. 温度测量：一些高级万用表具备温度测量功能，用于测量环境温度或元件温度。

d. 导通和二极管测试：用于检测电路的连通状态或测试二极管的正向和反向电压。

e. 功率测量：用于测量电路中的功率，评估电子设备的功耗。

f. 相位测量：用于测量交流电路中的相位差，确定复杂电路中不同信号的相位关系。

g. 阻抗测量：用于测量电路的复杂阻抗，评估电阻和电抗的影响。

2.3.3 使用实例

(1) 设备实例

设备名称	万用表
型号	VC830L
主要参数	①直流电压量程:200mV、2V、20V、200V、600V; ②交流电压量程:200V、600V; ③直流电流量程:20μA、200μA、2mA、20mA、200mA、10A; ④电阻量程:200Ω、2kΩ、20kΩ、200kΩ、20MΩ; ⑤采样速率:约 3 次/s
实物图	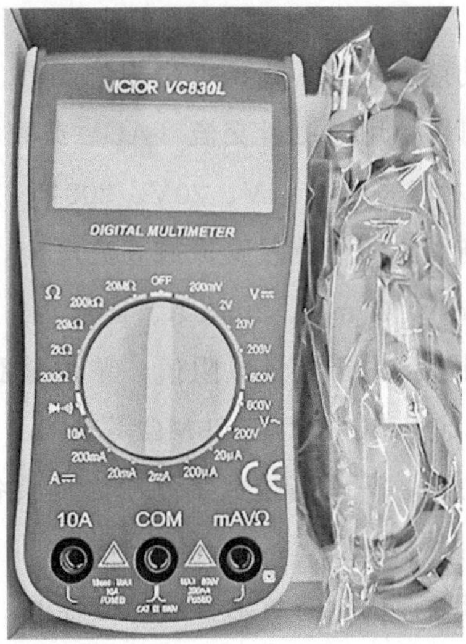

(2) 使用范围

用于电梯、起重机械等特种设备电气参数的测量。

(3) 操作方法及注意事项

① 电源开关和量程选择。使用前应认真阅读使用说明书，熟悉电源开关、量程开关、插孔和特殊插口的作用。

② 将电源开关置于 ON 位置。

③ 根据需要将量程开关拨至 DCV（直流）、ACV（交流）、DCA（直流）或 ACA（交流）的合适量程。

④ 电压测量。交直流电压的测量：将量程开关拨至 DCV 或 ACV 的合适量程，红表笔插入 V/Ω 孔，黑表笔插入 COM 孔，并将表笔与被测线路并联，读数即显示。

⑤ 电流测量。交直流电流的测量：将量程开关拨至 DCA 或 ACA 的合适量程，红表笔插入 mA 孔（<200mA 时）或 10A 孔（>200mA 时），黑表笔插入 COM 孔，将万用表串联在被测电路中。测量直流量时，数字式万用表能自动显示极性。

⑥ 电阻测量。将量程开关拨至 Ω 的合适量程，红表笔插入 V/Ω 孔，黑表笔插入 COM 孔。如果被测电阻值超出所选择量程的最大值，万用表将显示“1”，这时应选择更高的量程。测量电阻时，红表笔为正极，黑表笔为负极，这与指针式万用表正好相反。因此，测量晶体管、电解电容器等有极性的元器件时，必须注意表笔的极性。

⑦ 选择量程。测量之前，应根据被测量的范围选择适当的量程，通常从大量程开始逐渐调整到更小的量程。

⑧ 安全操作。测量电阻时必须切断被测电路的电源，并确保不带电操作。操作时避免用手触摸表笔的金属导电部分以保障安全。测量高于 36V 直流、25V 交流电压时，要检查表笔是否可靠接触、是否绝缘良好等，以免发生电击。

⑨ 测量时，不得超过量程的极限值，不能接入高于 600V 的电压。不能在量程开关处于 Ω 位置时测量电压值。

⑩ 对于未知极性和被测电流/电压大小的情况，测量量程挡位开关应放在最大量程上，并且采用瞬间测量法先判断被测电路的电位极性，再用瞬间测量法判断被测电流/电压的大概范围，或者选取较大量程，若指针指示不足满刻度的 2/3，换到较小量程，按此方法，直至指针指在满刻度的 2/3 左右，再进行数值的读取。

⑪ 存储方式。使用完后，应将万用表的开关置于交流电压最高挡，并断开开关以保护设备。

2.3.4 相关知识——电工测量仪表

电工测量仪表是用于测量电气参数（如电压、电流、电阻、功率、频率等）的工具，广泛应用于电力系统、电子设备、工业控制和家庭用电等领域。电工测量仪表在机电类特种设备检验检测方面起着重要的作用，准确的测量能保证机电类特种设备安全运行，及时发现电气故障隐患，确保设备正常工作。例如，测量电路中各元器件不同位置的电流、电压、电阻、频率等参数，可判断设备电气部分的运行状态。

电工仪表的种类很多，根据不同的方法进行分类如下。

① 按工作特点：电工仪表可以分为数字仪表（数显仪表）和模拟仪表（指示仪表)。模拟仪表通过指针偏转显示测量值，基于电磁感应原理（如动圈式、动铁式)；数字仪表通过数字显示屏直接显示测量值，基于模数转换（ADC）技术。

② 按测量方法：电工仪表可以分为比较式仪表和直读式仪表。

③ 按工作原理：电工仪表可以分为磁电式、电磁式、数字式、电动式、热电式、整流式、感应式和静电式。

④ 按测量对象：电工仪表可以分为电流表、电压表、电阻表、电能表、频率表、功率因数表、功率表等。

⑤ 按被测电流的性质：电工仪表可以分为直流表、交流表和交直流两用表。

⑥ 按精度等级：电工仪表精度等级可分为 0.1、0.2、0.5、1.0、1.5、2.5 和 5。精度等级是仪表的最大允许误差与满量程的百分比。例如，精度等级为 1.0 的仪表，其最大允许误差为满量程的±1%。

⑦ 按安装方法：电工仪表可以分为固定式仪表和携带式仪表两种。

2.4 接地电阻测试仪

2.4.1 功能及种类

接地电阻测试仪（earth resistance tester）是用于测量接地系统电阻的专用仪器，广泛应用于电力、通信、建筑防雷、工业设备等领域。其主要功能是确保接地系统的电阻值符合安全标准，从而保障设备和人员的安全。

目前，市场上接地电阻测试仪有成百上千种，按供电方式分为传统的手摇式和电池驱动式；按显示方式分为指针式和数字式。测量方法包括打地桩法、钳夹法。

(1) 打地桩法（可分为二线法、三线法和四线法）

① 二线法：这是最初的测量方法，即将一根线接在被测接地体上，另一根接辅助地极。此法的测量结果 R＝接地电阻＋地桩电阻＋引线及接触电阻，所以

误差较大，现在一般不用。

② 三线法：这是二线法的改进型，即采用两个辅助地极，当两个辅助地极之间有足够的距离（10m 或 20m）时，如图 2-2 所示，可基本消除由地桩电阻引起的误差。

③ 四线法：这是在三线法基础上改进的方法。这种方法可以消除由辅助地极接地电阻、测试引线及接触电阻引起的误差。

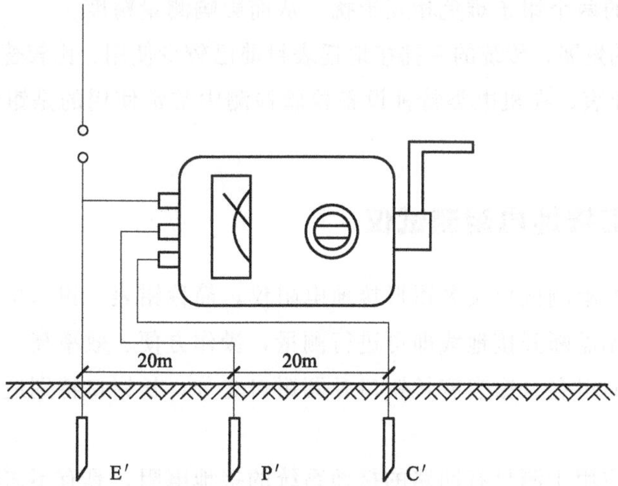

(a) 手摇式

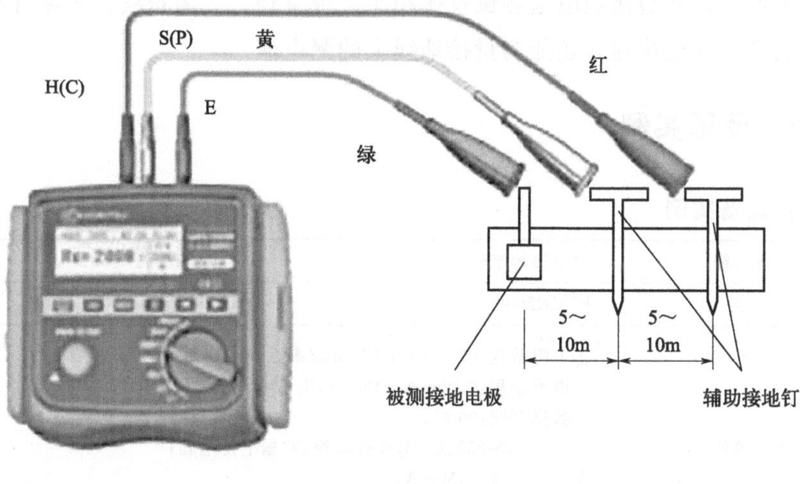

(b) 电池驱动式

图 2-2　三线法测接地电阻测试

(2) 钳夹法（分为单钳法和双钳法）

① 双钳法：利用在变化磁场中的导体会产生感应电压的原理，用一个钳子通以变化的电流，从而产生交变的磁场，该磁场使其内的导体产生一定的感应电压，用另一个钳子测量由此电压产生的感应电流，最后用欧姆定律计算出环路电阻值。其适用条件一是要形成回路，二是另一端电阻可忽略不计。

② 单钳法：单钳法的实质是将双钳法的两个钳子做成一体，但如果发生机械损伤，邻近的两个钳子难免相互干扰，从而影响测量精度。

随着技术的发展，传统的手摇接地摇表目前已较少使用，比较普及的是指针式或数字式接地摇表，在机电类特种设备检验检测中常常使用的是钳形接地电阻测试仪。

2.4.2 钳形接地电阻测试仪

钳形接地电阻测试仪又名钳形接地电阻仪，简称钳表。钳形接地电阻测试仪最大的特点是无需断开接地线即可进行测量，操作方便、效率高。由仪表前端的一个环形钳口而得名。钳表有长钳口及圆钳口之分，长钳口特别适用于扁钢接地的场合。

钳表主要应用于测量有回路的接地系统的接地电阻，具有不需断开接地引下线，不需辅助电极的优点。能测量出用打地桩法无法测量的接地故障，能应用于传统方法无法测量的场合，因为该仪表测量的是接地体电阻和接地引线电阻的综合值。优点：该类型接地电阻测试仪体积小、重量轻、无需布线、无需打地桩制造辅助电极，安全快速，还能测量接地线上的漏电流。

2.4.3 使用实例

(1) 设备实例

设备名称	钳形接地电阻
型号	ETCR2000
主要参数	①电阻量程：0.01～1200Ω，分辨率 0.001Ω； ②电流量程：0.00mA～40.0A，电流 0.05mA； ③数据存储：99 组； ④接口：RS-232、USB，软件监控、数据上传电脑； ⑤工作电流：≤50mA； ⑥挡位：全自动换挡； ⑦单次测量时间：0.5s

续表

实物图	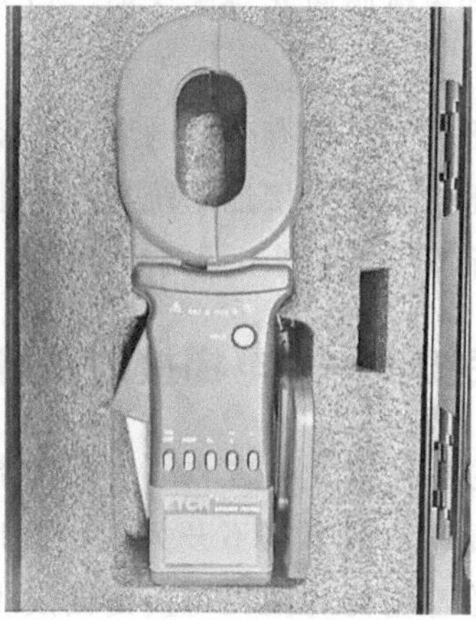

(2) 使用范围

用于起重机械、大型游乐设备、电梯等特种设备接地电阻的测量。

(3) 操作方法

① 开关机。开机前，扣压扳机一两次，确保钳口闭合良好。开机时，不能扣压扳机，不能张开钳口。开机完成，显示“OL”后，才能扣压扳机，打开钳口，夹住被测导线。钳表开机后，可按 ON/OFF 键关机。

② 接地电阻测量。为了保证测量的准确性，在测量前用随机的测试环进行检验，其显示值应该与测试环上的标称值一致（5.1Ω）。测试环上的标称值是在温度为 20℃时的值。如测试环的标称值为 5.2Ω 或 5.0Ω 都是正常的。开机自检完成后，显示“OL”，即可进行接地电阻测量。此时，扣压扳机，打开钳口，钳住待测回路，读取数值。

③ 数据锁定、解除、存储。在测试模式下，按 HOLD 键锁定当前显示值，同时将此锁定值作为一组数据依次自动编号并存储，再按 HOLD 键取消锁定。循环操作，能存储 99 组数据。

④ 数据清除和数据上传。在数据查阅模式下，按 MEM 键＋ON/OFF 键，自动清除所有存储数据。打开进入测试状态，用随机配置的 RS-232 通信线连接电脑与主机，运行电脑中已安装的监控软件，若通信正常，电脑能实时监控在线电流。监控软件具有历史数据读取、查阅、保存、分析、报表等功能。

(4) 接地电阻测试仪注意事项

① 接地线路要与被保护设备断开。如果未断开，那么所测量的接地电阻值

是所有接地体接地电阻的并联值，测量结果将出现误差。

② 下雨后和土壤吸收水分太多时，以及湿度、温度、压力等急剧变化时不能测量。

③ 被测地极附近不能有杂散电流和已极化的土壤。

④ 测量接地电阻应对接地系统有一个准确的认识，在某些接地系统中由于测量点选择不当，可能得到不同的测量结果。

2.4.4 相关知识——电梯接地装置

人们使用的各种电气装置和电气系统都需要取某一点的电位作为其参考电位，但任何装置、系统都离不开大地。大地有导电性，具有无限大的电容量，其电位值不会随着电荷的注入与流出而发生大的变化，因此，一般电气系统都以大地的电位为参考零电位。同大地做电气连接以取得零电位，称作接地。大地不像电气设备那样配置有连接导线的接线端子，为此需在大地内埋入接地体，引出接地线来实现与大地的连接。电气设备接地端子的接触电阻很小，以mΩ计，而作为与大地连接用的接地极与大地间的接触电阻则大得多，以Ω计。

接地电阻是指电流从接地装置流向大地以及电流流经大地时呈现的电阻值，一般指工频接地电阻。工频接地电阻是指工频电流从接地装置流向大地以及电流流经大地时呈现的电阻值，其数值等于接地装置相对远方大地的电压与通过接地装置流入地中电流的比值。它的理论原理是：假设大地无穷远的地方电位为零，电流 I 通过接地体流向大地时，接地体的电位 V 除以这个电流就是接地电阻 R，$R=V/I$。

为了保证电梯的正常工作和人身安全，电梯电气接地装置将电梯设备上的正常或非正常工作状态下的电气回路中的接地电流、短路电流、干扰电流引入大地，从而达到预定的目的。

电梯接地装置按照其基本功用可以分为安全保护接地、工作接地、防雷接地等。

当电梯的电气设备绝缘层发生损坏造成漏电时，人体一旦接触其外露可导电部分，就有可能发生触电事故。

为了实现电梯接地故障保护，电梯电气系统设置了许多接地。如：电梯的安全回路和门锁回路零位端接地，电梯的电气安全装置（包括安全回路、门锁回路）发生接地故障，便会与回路的零位端接地点形成连通点，从而将继电器线圈短接，形成大的短路电流，使电源熔丝动作，切断电源电气回路，防止电梯非正常运行造成人员伤害。

雷电严重影响建筑物及其内部电气装置的安全可靠性，如雷电直接击中建筑物，产生瞬时的极高电压，会直接导致建筑物的破坏以及设备的损坏。而雷电感应传递会造成设备内部元器件受损、高电压通过电缆线路产生反击、微电子控制系统受到干扰破坏等情况，引起电梯损坏和故障。

保证接地装置的有效性，有助于保证电梯的安全可靠正常运行，减少电梯事故和故障。

根据国家相关标准的规定，保护接地是为了电气安全，将系统、装置或设备的一点或多点接地。这里“地”一般是指大地，也可称为零电位。从电源侧和负载侧不同的接地位置，分为接地保护和接零保护。按照接地形式分为 IT、TT、TN 三大接地系统。其中第一个字母表示电源端与地的关系，第二个字母表示电气装置外露导电部分与地的关系，各类型分述如下。

(1) IT 系统（如图 2-3 所示）

供电电源中性点不接地或经阻抗接地，电气设备采用接地保护，外露可导电部分通过 PE 接地线接至接地体上，接地体电阻一般不大于 4Ω，接地体的接地与供电电源系统在电气上无关。

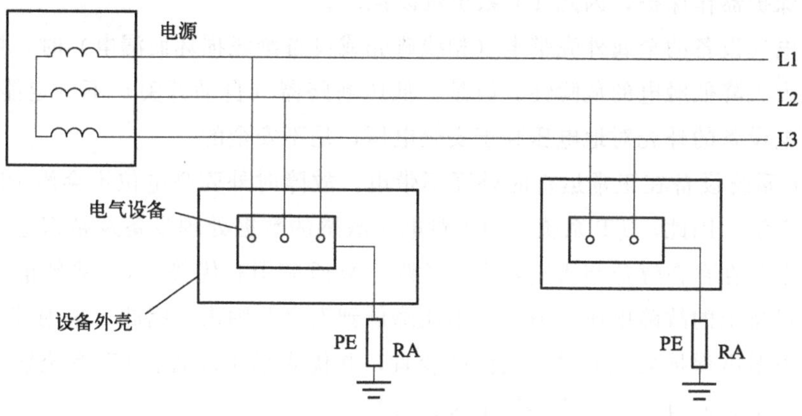

图 2-3　IT 系统接线图

IT 方式供电系统在供电距离不是很长时，供电的可靠性高、安全性好。一般用于不允许停电的场所。运用 IT 方式的供电系统，即使设备外壳漏电，外壳可导电部分的对地电压等于小于 1A 的接地电流与小于 4Ω 的保护接地电阻的乘积，也不会超过安全特低电压（交流有效值不大于 50V），不可能发生触电事故，是安全的。

(2) TT 系统（如图 2-4 所示）

TT 系统是电源中性点直接接地，用电设备外露可导电部分也直接接地的系统。通常将电源中性点的接地叫作工作接地，而设备外露可导电部分的接地叫作保护接地。

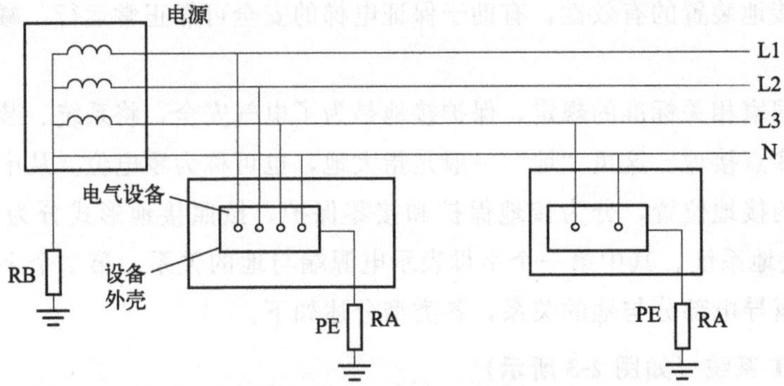

图 2-4 TT 系统接线图

由于单相接地时接地电流比较大，可使保护装置（漏电保护器）可靠动作，及时切除故障。当漏电电流比较小时，即使有熔断器也不一定能熔断，所以还需要漏电保护器作保护，因此 TT 系统难以推广。

当电气设备的金属外壳带电（相线碰壳或设备绝缘损坏而漏电）时，接地保护可以大大降低触电的危险性。但是，低压断路器（自动开关）不一定能跳闸，造成漏电设备的外壳对地电压高于安全电压，是不安全的。

TT 系统设备在正常运行时外壳不带电，故障时外壳高电位不会沿 PE 线传递至全系统。因此，TT 系统适用于对电压敏感的数据处理设备及精密电子设备进行供电，在存在爆炸与火灾隐患等危险性场所应用有优势。TT 系统能大幅降低漏电设备上的故障电压，但一般不能降低到安全范围内。因此，采用 TT 系统必须装设漏电保护装置或过电流保护装置，并优先采用前者。TT 系统接地装置耗用钢材多，而且难以回收，费工时、费料。

(3) TN 系统

TN 系统即电源中性点直接接地，设备外露可导电部分通过中性导线或保护导体与电源接地点相连接。TN 系统通常是一个中性点接地的三相电网系统。其特点是电气设备的外露可导电部分直接与系统接地点相连，当发生碰壳短路时，短路电流即经金属导线构成闭合回路，形成金属性单相短路，从而产生足够大的短路电流，使保护装置能可靠动作，将故障切除。如果将工作零线 N 重复接地，碰壳短路时，一部分电流就可能分流于重复接地点，会使保护装置不能可靠动作或拒动，使故障扩大化。根据中性导体（工作零线）和保护导体（保护零线）的组合情况，TN 系统的形式又可分为以下三种。

① TN-C 系统（如图 2-5 所示）。

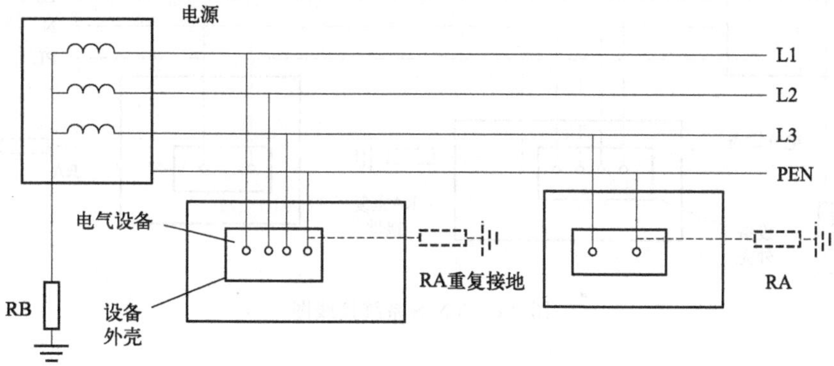

图 2-5　TN-C 系统接线图

a. 设备外壳带电时，接零保护系统能将漏电电流上升为短路电流，实际就是单相对地短路故障，熔丝会熔断或自动开关跳闸，使故障设备断电，比较安全。

b. TN-C 系统只适用于三相负载基本平衡的情况，若三相负载不平衡，工作零线上有不平衡电流，对地有电压，则与保护线所连接的电气设备金属外壳有一定的电压。

c. 如果工作零线断线，则保护接零的通电设备外壳带电。

d. 如果电源的相线接地，则设备的外壳电位升高，使中性线上的危险电位蔓延。

e. TN-C 系统干线上使用漏电断路器时，工作零线后面的所有重复接地必须拆除，否则漏电开关合不上闸，而且工作零线在任何情况下都不能断线。所以，在实际使用中，工作零线只能在漏电断路器的上侧重复接地。

f. 如果电梯采用 TN-C 系统，则零地线分不开。工作零线和保护零线合在一根导线上。此时三相不平衡电流、电梯单相工作电流以及整流装置产生的高次谐波电流，都会在零线上及接零设备外壳上产生电压降，不但会使工作人员产生麻电感，而且会导致微弱电信号控制的电梯运行不稳定，甚至产生误动作。此时，即使在电梯控制设备金属外壳设置抗干扰接地装置，也不能消除零线以及接零设备外壳上的电压降。所以电梯安装中不宜采用 TN-C 系统。

② TN-S系统（如图 2-6 所示）。

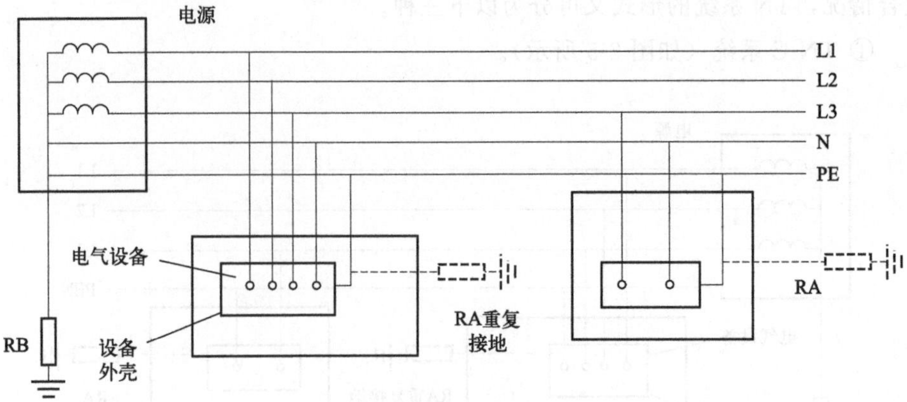

图 2-6　TN-S系统接线图

TN-S系统中性线 N 与 TT 系统相同。与 TT 系统不同的是，用电设备外露可导电部分通过 PE 线连接到电源中性点，与系统中性点共用接地体，而不是连接到自己专用的接地体，中性线（N 线）和保护线（PE 线）是分开的。

TN-S系统的最大特征是 N 线与 PE 线在系统中性点分开后，不能再有任何电气连接，这一条件一旦破坏，TN-S系统便不再成立。

a. 系统正常运行时，专用保护线上没有电流，只是工作零线上有不平衡电流。PE线对地没有电压，所以电气设备金属外壳接零保护接在专用的保护线 PE 上，安全可靠。

b. 工作零线只用作单相照明负载回路。

c. 专用保护线 PE 不得断线，也不得进入漏电开关。

d. 干线上使用漏电保护器，所以 TN-S 系统供电干线上也可以安装漏电保护器。

e. 电梯采用 TN-S 方式的供电系统安全可靠，供电引出 5 根线，其中一根为工作零线 N，一根为专用保护零线（接地线）PE 线。工作零线引到电梯机房后不得接地，不得与电气设备所有外露可导电部分连接，与地是绝缘的。

③ TN-C-S系统（如图 2-7 所示）。TN-C-S系统是 TN-C 系统和 TN-S系统的结合形式，在 TN-C-S系统中，从电源出来的那一段采用 TN-C 系统。因为在这一段中无用电设备，只起电能的传输作用，到用电负荷附近某一点处，将 PEN 线分开形成单独的 N 线和 PE 线。从这一点开始，系统相当于 TN-S 系统。

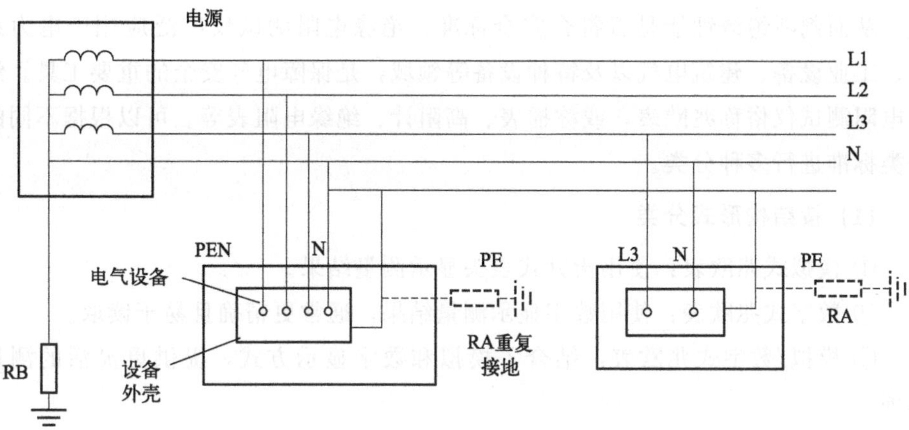

图 2-7　TN-C-S系统接线图

a. TN-C-S系统可以降低电动机外壳对地的电压，然而又不能完全消除这个电压。这个电压的大小取决于负载不平衡的情况及线路的长度。要求负载不平衡电流不能太大，而且在PE线上应做重复接地。

b. PE线在任何情况下都不能接入漏电保护器，因为线路末端的漏电保护器动作会使前级漏电保护器跳闸，造成大范围停电。

c. PE线除了在总箱处必须和N线连接以外，其他各分箱处均不得把N线和PE线相连接，PE线上不得安装开关和熔断器。

d. 实际上，TN-C-S系统是在TN-C系统上变通的做法。如果采用TN-C-S系统，电源处接地电阻 R_B 不大于4Ω，且接地段前段的零线保证不发生意外断线故障。为可靠起见，如果电梯距配电电源较远时，可将电梯的PE线或PEN线做重复接地，重复接地电阻不得大于4Ω。

e. 当三相电力变压器工作接地情况良好，三相负载比较平衡时，TN-C-S系统在实际中效果还是不错的。但是，在三相负载不平衡时，必须采用TN-S系统。

2.5 绝缘电阻测试仪

2.5.1 种类及原理

绝缘电阻测试仪（insulation resistance tester）是一种用于测量电气设备、

电缆、电机等绝缘电阻的专用仪器。它通过施加高电压来检测绝缘材料的电阻值，从而判断绝缘性能是否符合安全标准。绝缘电阻测试仪广泛应用于电力系统、工业设备、建筑电气以及特种设备等领域，是保障电气安全的重要工具。绝缘电阻测试仪俗称兆欧表，或称摇表、高阻计、绝缘电阻表等。可以根据不同的分类标准进行多种分类。

(1) 按结构形式分类

① 模拟式兆欧表：使用指针式表头显示测量结果。

② 数字式兆欧表：使用数字显示测量结果，通常更精确且易于读取。

③ 模拟/数字式兆欧表：结合了模拟和数字显示方式，提供更灵活的测量选项。

(2) 按操作方式分类

① 手摇式兆欧表：需要手动摇动摇杆来产生动力，适用于无电源环境。

② 电动式兆欧表：使用电池或外部电源供电，操作更便捷。

手摇式兆欧表采用手摇直流发电机提供电源，一般有 250V、500V、1000V、2500V 等；其中工程中最常用到的有 500V、1000V、2500V 三种。兆欧表也有采用晶体管直流变换器代替手摇发电机提供高压电源的。

手摇式兆欧表，作为兆欧表的一种，其工作原理基于电磁感应。通过旋转摇把，摇表内部会产生一个稳定的直流电压，这个电压作用于被测设备上，从而测量出其绝缘电阻。兆欧表也有采用晶体管直流变换器代替手摇发电机提供高压电源的。其测量仪器原理为启动直流高压源给被测试品供电，通过电阻分压器取得电压取样信号，通过与试品串联的电流取样电阻得到电流信号，电流和电压信号经信号处理，通过 A/D 转换装置送入微处理器进行数据处理，并将处理结果传送给显示屏显示，完成整个测量过程。

数字式兆欧表由中大规模集成电路组成。输出功率大，短路电流值高，输出电压等级多。工作原理为由机内电池作为电源，经 DC/DC 变换产生的直流高压由 E 极流出，经被测试品到达 L 极，从而产生一个从 E 到 L 极的电流，经过 I/V 变换并经除法器完成运算，直接将被测的绝缘电阻值由 LCD 显示出来。

2.5.2 绝缘电阻及测试要求

绝缘电阻表是用于检测用电设备绝缘电阻的仪器，对保证特种设备质量和运行中的人身及设备安全具有重要意义。电气设备的绝缘性能是评价其绝缘好坏的重要标志之一，它通过绝缘电阻反映出来。测定特种设备的绝缘电阻，是指测定带电部分与外露非带电金属部分（外壳）之间的绝缘电阻。按不同的产品，施加一直流高压，如100V、250V、500V、1000V、2500V等，规定一个最低的绝缘电阻值。有的标准规定每千伏电压，绝缘电阻不小于1MΩ等。

绝缘电阻的测量是将电压加在绝缘物两端，通过测试流过它的漏电流，换算成绝缘电阻来判断被测物体的绝缘性能的。绝缘电阻 R 计算如下：

$$R=U/I \tag{2-1}$$

式中，U 为所加的直流电压；I 为经过电极的总电流。

绝缘电阻由材料表面电阻和体积电阻组成。因为阻值很大，故以MΩ为单位。

绝缘电阻测试仪的接线端通常有“L”端（线端）、“E”端（地端）和“G”端（屏蔽端），一般被测物接在“L”与“E”端之间以测量绝缘电阻，但当被测绝缘体表面漏电严重时，需要将被测物的屏蔽环或不需测量的部分与“G”端相连接，以消除表面漏电流的影响。如测量电缆线芯和外表之间的绝缘电阻时，一般在电缆外表加一个金属屏蔽环，与仪器的“G”端相连。

绝缘电阻测试仪的电压等级应高于被测物的绝缘电压等级。所以测量额定电压在500V以下的设备或线路的绝缘电阻时，可选用500V或1000V兆欧表；测量额定电压在500V以上的设备或线路的绝缘电阻时，应选用1000～2500V兆欧表；测量绝缘子时，应选用2500～5000V兆欧表。一般情况下，测量低压电气设备绝缘电阻时可选用0～200MΩ量程的兆欧表。定期检测绝缘电阻，可以提前发现设备隐患，避免电气事故。

2.5.3 使用实例

(1) 设备实例

设备名称	绝缘电阻测试仪
型号	HB505B
主要参数	①输出电压：50V、100V、250V、500V、1000V； ②测试范围：0.00MΩ～10GΩ； ③最小分辨率：0.01MΩ(或0.01GΩ)

续表

<table>
<tr><td>实物图</td><td>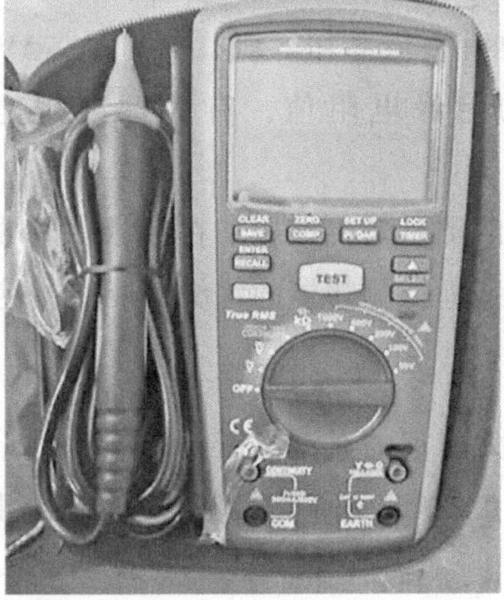</td></tr>
</table>

(2) 使用范围

用于电梯、起重机械、大型游乐设备等特种设备电气绝缘电阻的测量。

(3) 操作方法及注意事项

① 将红色表笔插入“V”插孔（红色孔），黑色表笔插入“EARTH”插孔（黑色孔）。

② 将转盘开关旋转至 INSUATION（绝缘电阻区），然后选择需要的测试电压，将表笔并联到待测电路中。

③ 按下仪表的“TEST”按键或遥控表笔上的“TEST”按键，然后从显示屏读出当前的电阻值。在显示屏副显示区可以看到测试电压或电流值（按下翻键切换），同时，屏幕会闪烁显示高压警示符号“ϟ”，另外壳体的警告符号旁的红色报警灯也会开启。

④ 在测量过程中如果想保存测量值，按下“SAVE”键即可。

⑤ HB505 数字绝缘测试仪，除了能进行绝缘电阻的测量外，还兼有直流电压、交流电压、通用电阻和电容等参数的测量功能。使用前要检查仪表和表笔，确认是否有表笔裸露、机壳损坏等异常，防止造成电击危险。测量时功能开关应置于正确的位置，转换开关前，应断开表笔与被测电路的连接，不得在测量进行中转换挡位，以防止损坏仪表。

⑥ 测量绝缘电阻前确保被测物体本身不带电，否则可能会测不准。

⑦ 严禁用手触及未放电设备。测量时，手也不要触及引线的金属部分。

⑧ 测量结束时，对于大电容设备要放电。

⑨ 保证测量软线绝缘性能良好，两根导线之间和导线与地之间应保持适当距离，以免影响测量精度。

⑩ 测量完毕后应及时关断电源。长时间不用时，应取出电池。

2.5.4 影响绝缘电阻的因素及提升阻值的措施

(1) 影响绝缘电阻的因素

绝缘电阻是衡量电气设备绝缘性能的重要参数，其大小直接影响设备的安全性和可靠性，影响绝缘电阻的因素如下。

① 温度的影响。温度对绝缘电阻的影响很大，一般情况下，绝缘电阻随温度升高而降低，温度升高 10℃，绝缘电阻可能下降 50%（需换算至标准温度，如 20℃）。当温度升高后，绝缘介质中的极化加剧，电导增加，致使绝缘电阻值降低，并与温度的变化程度、绝缘材料的性质和结构等有关。

② 湿度的变化及空气污染造成的表面脏污对绝缘电阻影响很大。绝缘表面吸附潮气或表面脏污增加了电导，使绝缘电阻降低。如：当湿度＞80%时，绝缘电阻显著降低（如电缆受潮后阻值骤降）。环境中存在的酸、碱、盐等化学物质会腐蚀绝缘材料，降低其绝缘性能。

③ 材料老化的影响，长期处于高温电应力导致绝缘材料碳化或开裂，影响绝缘电阻大小。绝缘材料在使用过程中会逐渐老化，对老化了的绝缘材料进行显微观察，可以发现树枝状结构的存在，绝缘电阻降低。老化原因包括热老化、化学腐蚀、机械磨损等。

(2) 提升绝缘电阻阻值的措施

① 根据使用环境选择具有耐热、耐湿、耐腐蚀等特性的合适的绝缘材料。

② 保持设备运行环境的干燥、清洁，避免过高温度和污染。

③ 定期清洁绝缘表面，检测绝缘电阻，及时更换老化或损坏的部件。

2.6 静电电阻测量仪

2.6.1 功能作用及种类

非金属材料导静电性能的主要衡量指标是静电电阻，因此在选择易燃易爆场所使用的材料、设备时，必须准确测量并合理选择静电电阻，使其满足抗静电需求。静电阻测试仪（static resistance tester）主要用于测量物体表面的静电电荷密度，判断材料的导电性和静电性能。

静电测试仪是用来测试静电量的一种专门仪器，主要有以下几个作用。

① 测量材料的表面电阻判断静电积累倾向，消除静电带来的负面影响，及时采取措施，评估其防静电性能。

② 控制静电。在生产过程中，很多产品都需要控制静电，静电测试仪可以帮助用户及时发现静电问题，采取相应的措施，减少静电带来的不良影响。在易燃易爆场所使用的过程中控制静电荷积聚，避免形成静电放电引发火灾爆炸事故。

静电测试仪根据功能特点、测量方式和使用场景的不同，可进行如下分类。

按照功能特点及使用场景分为便携式、台式、多功能静电阻测试仪。

① 便携式静电阻测量仪：体积小、重量轻，适合现场快速检测或移动检测。

② 台式静电阻测量仪：精度高，功能全面，通常具有数据存储、传输和分析功能。通常安装在生产线或实验室中，用于连续监测静电变化。还有一些特殊用途的静电测试仪，如防爆型静电测试仪，适用于易燃易爆环境。

③ 多功能静电阻测量仪：结合多种测量功能，可测量表面电阻、体积电阻、静电消散时间等，操作简单，精度高。

按照测量方式分为接触式和非接触式。

① 接触式静电测试仪：通过直接接触被测物体表面进行测量，适用于需要高精度测量的场景，如电子元器件生产或实验室研究。这类仪器通常配备金属探头，能够准确捕捉物体表面的静电电位。

② 非接触式静电测试仪：通过感应电场的方式测量静电，无需直接接触被测物体，适用于表面敏感或难以接触的物体，如薄膜材料或精密设备。

2.6.2 测试方法及原理

静电电阻测试方法较多，如两点电极法、同心环电极法、重锤电极法、漆条法、铜带电极法和四针电极法等，这些测试方法的基本原理都是通过外加电压以及测得的电流来计算得出材料表面电阻值，但在应用不同测试电极进行实验测试过程中发现，采用不同方法对同一材料进行测试时会因为电极覆盖区域、操作方法等差异而得出不同的表面电阻测试结果。

2.6.3 使用实例

(1) 设备实例

设备名称	静电阻测量仪
型号	JX600
主要参数	①测量范围：$10^3 \sim 10^{12}\Omega$； ②测量精度：1/2 量程； ③工作电压：DC 9V； ④重锤质量：(2.5±0.2)kg/个； ⑤测量温度：0～100℃； ⑥测量湿度：0～100%RH
实物图	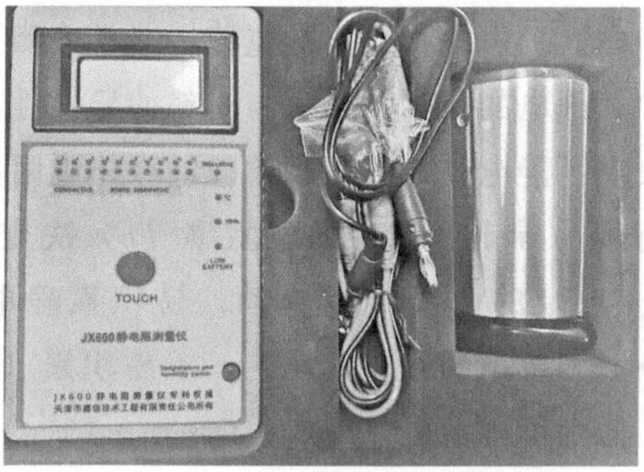

(2) 使用范围

用来测试传导型、耗散型以及绝缘型表面的电阻率。

(3) 操作方法

① 将两个重锤放在物体的表面，保持清洁，调整好两个重锤之间的距离，确保重锤与仪器之间的两条导线连接好。

② 将仪器右下角温湿度开关打开，大约 2s 后，温湿度显示正常。此时按住仪器中间的红色按钮，仪器进入正常测试，测试结果将显示在仪器的 LED 灯上，确定测试完成后，松开手就可以了。

③ 每次测试完成后，关闭右下角的温湿度开关。

(4) 注意事项

① 两个重锤与测试物体表面的间距正常情况下为 30cm。

② 每次测试完成后，切记关闭右下角温湿度开关，以免浪费电池。

③ 在测试的时候禁止用手碰触两个重锤的金属部分。

④ 发现 LOW BATTERY 灯闪动亮红灯时，应立刻更换电池。

⑤ 静电阻测试仪的测量精度受环境温度、湿度和材料表面质量等因素影响，使用前需进行仪器校准和校验。

⑥ 操作过程中应防止静电干扰，尽量避免触碰测量的物品表面，操作前需严格按照说明书进行，防止设备损坏。

2.6.4 相关知识——静电阻

日常生活中，人们常常会碰到这种现象：晚上脱衣服睡觉时，黑暗中常听到噼啪的声响，而且伴有蓝光；见面握手时，手指刚一接触到对方，会突然感到指尖针刺般疼痛，令人大惊失色；早上起来梳头时，头发会经常“飘”起来，越理越乱；拉门把手、开水龙头时都会“触电”，时常发出“啪”的声响，这就是在人体上的静电。静电是指静止的电荷，通常由摩擦或其他方式导致电子转移而产生。材料中，静电的积累和消散与材料的导电性有关，也就是电阻。所以，材料的电阻率决定了静电是否容易积累。绝缘体电阻率高，容易积累静电；导体电阻率低，电荷容易导走。材料的电阻率（ρ）决定静电是否容易积累。绝缘材料（$\rho>10^{12}\Omega\cdot m$）的电荷难以流动，易积累静电（如塑料、玻璃）；导电材料（$\rho<10^{4}\Omega\cdot m$）的电荷被快速导走，不易积累（如金属）；静电消散材料可缓慢释放电荷，避免静电放电（$\rho=10^{4}\Omega\cdot m\sim10^{11}\Omega\cdot m$）（如防静电地板）。

静电的危害很多，它的第一种危害来源于带电体的相互作用。比如，在印刷厂里，纸页之间的静电会使纸页黏合在一起，难以分开，给印刷带来麻烦；在制药厂里，静电会吸引尘埃，使药品达不到标准的纯度。静电的第二大危害是有可能因静电火花点燃某些易燃物质而发生爆炸。如：机电类特种设备使用环境复杂，在爆炸环境中，静电的积累可能会引起火灾和爆炸事故。静电危害预防与控制是事故防范的重要内容，控制静电放电引燃事故的关键在于减少静电荷产生、加速静电荷泄放，这就要求在易燃易爆场所使用的非金属材料必须具有导静电性能。

2.7 钳形电流表

2.7.1 功能及种类

钳形电流表（clamp ammeter）是一种测量交直流电流的便携式检测仪表，

通常在测量电流时需将被测电路断开才能将电流表或电流互感器的原边串接到电路中，而使用钳形电流表，在不用断开电路的情况下，将电线置于钳口中央即可测出电路的电流，因其使用方便而得到普遍应用。

(1) 按测量电流类型分类

① 交流钳形电流表。

特点：仅能测量交流电流（如 50/60Hz 工频电流）。

原理：基于电磁感应（电流互感器原理），依赖电流变化产生的磁场变化来感应电流。

适用场景：家庭、工业中常见的交流电路测量。

② 交直流两用钳形电流表（霍尔效应型）。

特点：可同时测量交流和直流电流。

原理：通过霍尔效应传感器直接检测磁场强度，无须依赖磁场变化。

适用场景：需要测量直流电机、电池或光伏系统等直流电流的场合。

(2) 按显示方式分类

① 数字式钳形电流表。

特点：液晶显示屏直接显示数值，精度高，可读性强。

功能扩展：通常具备数据存储、峰值捕获、FFT 谐波分析等功能。

适用场景：精密测量、数据记录要求高的场合（如实验室、精密设备维护等）。

② 指针式钳形电流表。

特点：通过指针偏转显示电流值，响应速度快。

局限性：精度较低，仅适合粗略测量。

适用场景：基础电路故障排查、快速诊断。

(3) 按功能扩展分类

① 单一功能钳形表。

仅测量电流，无其他功能。

② 多功能钳形表。

特点：集成电压、电阻、温度、频率等测量功能。

示例：部分型号可测量交流/直流电压、电容并能进行通断测试等。

适用场景：需要综合测试的场合（如电工日常维护等）。

(4) 按绝缘等级分类

① 低压钳形表。

额定电压：通常≤600V，适用于常规低压电路（如家庭、工业配电）。

安全特性：绝缘等级较低，需避免接触高压线路。

② 高压绝缘钳形表。

额定电压：可达数千伏，绝缘材料和钳口设计更安全。

适用场景：电力系统、高压设备维护（需专业认证）。

(5) 按传感器原理分类

① 互感器型钳形表。

原理：基于电流互感器（CT），依赖磁场变化产生感应电流。

局限性：仅测交流电流，钳口需完全闭合。

② 霍尔效应型钳形表。

原理：通过半导体霍尔元件检测磁场强度，转换为电信号。

优势：可测交直流，钳口闭合要求较低。

(6) 特殊用途钳形表

① 非接触式电流表。

原理：检测导线周围的电磁场变化（无需夹住导线）来测量电流。

适用场景：裸露或无法断开的线路快速检测。

② 无线传输型。

特点：通过蓝牙或无线模块将数据传输至手机/电脑。

适用场景：远程监控或复杂环境下的数据记录。

2.7.2 基本原理

钳形电流表的核心原理是通过检测导线周围的磁场来间接测量电流，主要有两种技术实现方法。

(1) 电流互感器（CT）原理（交流型）

测量交流电流的钳形表。这种钳形表实质上是由一个电流互感器和一个整流式磁电系电流表所组成的，被测载流导线相当于电流互感器的一次绕组和二次绕组与表头相连接，被测载流导线置于电流互感器分裂铁芯的钳口中，就相当于电流互感器的初级线圈工作电流在其铁芯回路感应出磁通，磁通穿过二次绕组感应出二次电压并在二次负载中形成电流，电流表指针将产生偏移指示电流值。由于其分裂铁芯部分的漏阻抗大，所以这不适用于精密测定和小电流测量。

(2) 霍尔效应原理（交直流型）

测量交、直流电流的钳形表。这种钳形表属于电磁式仪表，内部没有二次绕组，置于钳口中的被测载流导线作为励磁绕组，内置霍尔传感器（半导体材料），放置在钳口的磁芯周围。测量时导线中的电流产生磁场，穿过钳口磁芯。霍尔传感器在垂直于磁场和电流的方向上施加电压，产生霍尔电压。霍尔电压与磁场强度成正比，通过放大和转换电路计算出电流值，因其偏转不受测量电流种类的影响，所以可测量交、直流电流。

2.7.3 使用实例

(1) 设备实例

设备名称	钳形电流表
型号	302
主要参数	①电压量程 DCV：10mV～1000V，ACV：10mV～1000V； ②电流量程 DCI：10μA～20A，ACI：30μA～20A； ③电阻：10Ω～100MΩ
实物图	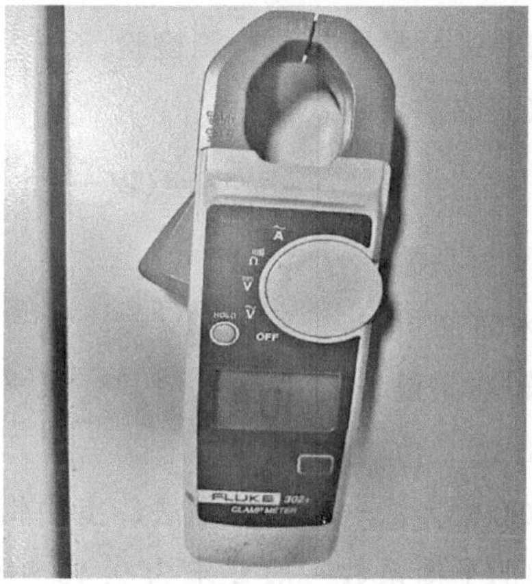

(2) 使用范围

主要用于在不切断电路的情况下测量电梯、起重机械等特种设备的电流。

(3) 操作方法及注意事项

① 钳形电流表的正确使用，钳形电流表是测量交流电流的携带式仪表，它可以在不切断电路的情况下测量电流，但只限于在被测线路的电压不超过 500V 的情况下使用。

② 钳形电流表一般通过转换开关来改变量程，也有通过更换表头的方式来改变量程的。测量前，应对被测电流进行粗略的估计，选择适当的量程，如果被

测电流无法估计，应先把钳形电流表的量程放在最大挡位，然后根据被测电流指示值，由大变小，转换到合适的挡位。转换量程挡位时，应在不带电的情况下进行，以免损坏仪表。

③ 测量电流时，应使被测导线位于钳口中部，并且使钳口紧密闭合。

④ 使用钳形电流表时应尽量远离强磁场，如通电的自耦调压器、磁铁等，以减少磁场对钳形电流表的影响。测量较小的电流时，如果钳形电流表量程较大，可将被测导线在钳形电流表口内绕几圈，然后再数。线路中实际的电流值应为仪表读数除以导线在钳形电流表上绕的匝数。

⑤ 钳形电流表不能测量裸导体的电流，进行测量时，应注意操作人员与带电部分的安全距离，以免发生触电危险。

2.7.4 应用示例——电流表法测电梯平衡系数

平衡系数是曳引式电梯最重要的技术参数之一，合理的平衡系数是保障曳引式电梯正常工作的必备条件。因此，每台曳引式电梯的安装测试、监督检验、安全评估等都需要进行平衡系数检测检验。

平衡系数的数学表达式为：

$$q=(W-P)/Q \tag{2-2}$$

式中 q——平衡系数；

W——对重质量；

P——轿厢质量；

Q——额定载荷。

平衡系数检验方法一般有功率法、曳引钢丝绳张力法、称重法和电流法等。曳引驱动电梯的平衡系数一般要求为 0.40～0.50，或者符合制造（改造）单位的设计值，可采用电流法检测电梯的平衡系数，即采用电流-负荷曲线法进行检验。电流-负荷曲线法测试平衡系数的原理如图 2-8 所示。电机的电流值可表征电梯负载大小，当轿厢装载为平衡系数×额定载重量时，曳引轮两侧的荷重相等，即轿厢系统与对重系统处于平衡状态，电梯向上或向下运行阻力相等，电机运行电流相同。

采用电流法绘制电流-负荷曲线如图 2-9 所示，就是要找出电梯向上与向下运行电流相同的载荷值。电流法具有操作方便、测量准确等特点，是电梯检验规则推荐的方法。试验负荷采用标准砝码，仪器采用经过计量检定的宽频和工频钳形电流表，分别在变频器的进线端和出线端测量，通过加载测量不同载荷的电流

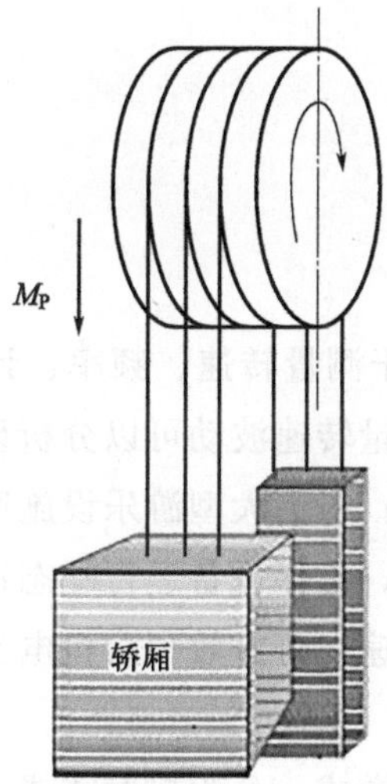

图 2-8　电流-负荷曲线法测试平衡系数的原理

M_P—轿厢系统总质量；M_W—对重系统总质量

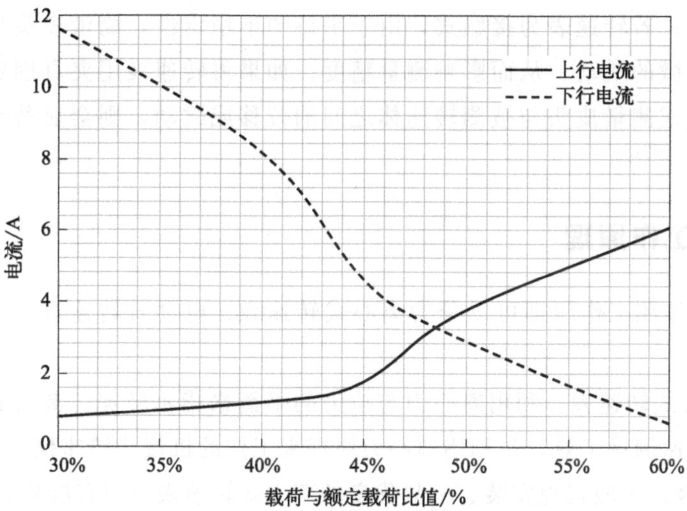

图 2-9　电流法测平衡系数

(轿厢与对重在相同高度位置时)，将轿厢分别装载额定载重量的 30%、40%、45%、50%、60%做上、下全程运行。当轿厢和对重运行到同一水平位置时，记录电动机的电流值，绘制电流-负载曲线，通过上行和下行的曲线交点确定平衡系数，这种方法成熟可靠并得到广泛应用。

2.8 转速表

2.8.1 功能及种类

转速表（tachometer）可用于测量转速、频率、计数、表面速度等。在机电类特种设备检验检测中，通过测量转速波动可以分析设备异常，验证设备运行状态，如电梯曳引机转速是否正常；检测大型游乐设施摩天轮主轴转速，防止因机械磨损或电气故障导致转速失控，确保设备运行动态速度工况与设计值一致，处于正常的工作状态。精准测量转速，可有效预防机电类特种设备因超速、传动失效等引发的安全事故。

转速表按照测量方式和显示方式，分为接触式或非接触式，显示指针式或数字式。

在光电转速表的实际使用中，非接触式转速表大多采用手持测量方式。手持晃动的不稳定性会导致光电转速表发出的光线与接收到的反射光线之间产生轻微的移位；若转速表为接触式，由于手持的不稳定性，测量皮头与旋转体之间会产生轻微的跳动，从而影响测量精度。如果将转速表用夹具固定住，减小其发出光线或测量皮头与被测转速体之间的位移或跳动，则会显著减少测量示值变动性。

2.8.2 工作原理

转速表按照工作原理可以分为离心式转速表、电动式转速表、闪光式转速表等。

① 离心式转速表。利用离心力与拉力的平衡来指示转速。离心式转速表是最传统的转速测量工具，是利用离心力原理来工作的机械式转速仪。测量精度一般在1～2级，一般就地安装。一只优良的离心式转速表不但有准确直观的特点，还具备可靠耐用的优点，但是结构比较复杂。

② 电动式转速表。电动式转速表由小型交流发电机、电缆、电动机和磁性表头组成。小型交流发电机产生交流电，交流电通过电缆输送以驱动小型交流电动机，小型交流电动机的转速与被测轴的转速一致。磁性转速头与小型交流电动机同轴连接在一起，磁性表头指示的转速自然就是被测轴的转速；电动式转速表异地安装非常方便，抗振性能好。

③ 闪光式转速表。闪光式转速表利用的是视觉暂留的原理。除了检测转速（往复速度）外，它还可以观测循环往复运动物体的静像，对了解机械设备的工作状态，是一项必不可少的观测工具。

2.8.3 使用实例

(1) 设备实例

设备名称	转速表
型号	HB372D
主要参数	①非接触式转速测量范围：1～99999r/min，频率 1～1666Hz，计数 1～99999 次； ②接触式转速测量范围：1～19999r/min，频率 1～333Hz，线速度 0.1～1999m/min； ③转速表的测量精度：±0.02%； ④转速分辨率：0.01(1～99.99)，0.1(100～9999)，1(1000～99999)r/min； ⑤频率分辨率：0.1Hz； ⑥外形尺寸：176mm×63mm×38mm(主机)； ⑦传感器种类：光敏二极管与霍尔传感器
实物图	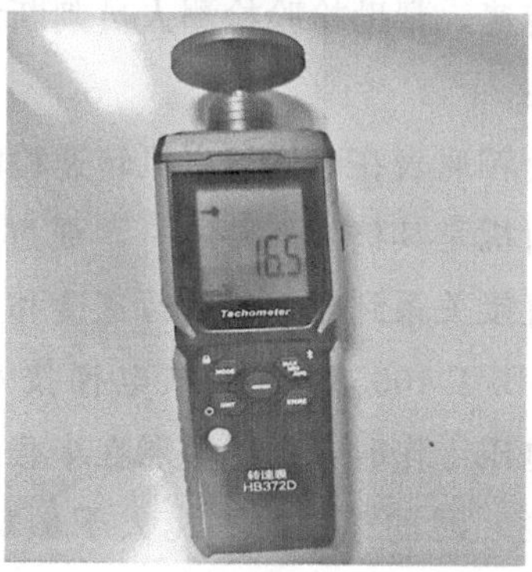

(2) 使用范围

用来测定电机的转速、线速度或频率。

(3) 操作方法及注意事项

① 非接触式转速测量。剪一块约 1mm×10mm 的反光纸贴在转动的物体上，撕掉反光纸表面贴膜。将转速仪固定在一个稳定的位置，使转速表的激光窗

口相对于被测物体在50～500mm之间。按下转速仪的MODE键，选择非接触测量模式。

② 按UINT键，选择图标为RPM、Hz或REV。打开激光，将激光对准反光纸，与反光纸的垂直夹角不大于30°。启动待测物体，转速表上触发符号闪烁并显示测量值。

③ 接触式测量。进行接触式测量时，将连接适配头装到转速仪主机上并拧紧两边的快拆螺栓。开机选择图标为所要测量的参数。将转速表的测速头与待测物体紧密接触。启动待测设备，仪器将开始显示测量值（线长测量触发符号不显示）。

④ 为了保证测量结果的准确性，需要使仪表保持静止稳定状态。

⑤ 转速表的激光不可直射人的眼睛。

⑥ 非接触测量时，距离不可小于50mm，避免高速旋转物体碰触转速表，造成转速表损坏或人身伤害。

⑦ 接触式测量时，测速头应缓慢靠近被测的转动物体。

2.8.4 应用示例——电梯曳引机转速检测

在特种设备检验检测中，转速表是一个重要的测量工具，用于检测和监控设备旋转部件的转速，帮助检验检测人员判断设备是否符合运行标准，保障设备的安全性和可靠性。

以下是一个转速表在电梯曳引机转速检测中的应用示例。

电梯的曳引机是其核心部件之一，通过驱动曳引轮旋转来实现电梯的升降。曳引机的转速直接关系到电梯的运行速度和安全性，因此需要定期检测其转速是否符合标准。GB/T 10058—2023《电梯技术条件》规定，当电源为额定频率，电动机以额定电压工作时，电梯轿厢在半载，向上和向下运行至行程中段（除去加速度和减速度）时的速度，不应大于额定速度的105%，不应小于额定速度的92%。

使用转速表（如非接触式激光转速表或接触式转速表）测量曳引机主轴的转速，确保曳引机的转速在设计范围内，避免因转速过高或过低导致电梯运行不稳、加速磨损或引发安全事故。将转速表的传感器对准曳引机的主轴或与主轴连接的标记点。启动电梯并记录转速数据，与标准值进行对比，判断曳引机转速是否符合要求，若检测结果超出范围，需进一步排查原因，如电机故障、传动系统问题或控制参数设置不当等。

2.9 全站仪

2.9.1 功能及种类

全站仪（electronic total station）是一种集电子测角、电子测距、外部计算机软件系统为一体的现代光学电子测量仪器，可以在一个站位完成水平角、垂直角、距离、高差等的测量工作和计算，并通过电子手簿或者直接实现自动化记录、存储和输出。

全站仪具有操作简单、安装快速、工作高效、适应性强的优点，它能完成现代测量工作所需的大多数功能，可在潮湿、尘土、高温等苛刻的环境下完成测量工作；同时它具有双向倾斜补偿器，可以自动修正水平和竖直方向，消除竖轴倾斜误差的影响，还可以修正地球曲率、折光误差以及温度、气压。

全站仪按照结构形式分类，可分为积木式全站仪、整体式全站仪和超站仪。积木式全站仪的测角与测距模块分离，可拆卸组合，是早期设备，现很少应用。整体式全站仪的测角、测距、数据处理为一体化设计，便携性强，在工程测量中广泛应用。超站仪集成了测量模块，无须后视点即可定位，在地形测量、矿山测量中应用广泛。

按照测距技术分类，可分为脉冲式、相位式、混合式。脉冲式全站仪发射激光脉冲，测量往返时间计算距离，测程可达 10km。相位式全站仪通过调制波相位差计算距离，精度高。混合式（脉冲＋相位）全站仪结合两种技术，兼顾精度和测程，成本较高。

2.9.2 结构功能与原理

目前，世界各国生产的全站仪品种、规格、型号繁多，并朝着自动化、智能化方向发展，如增加自动调焦、自动锁定跟踪目标、激光对点、免棱镜观测等。全站仪主要由采集数据设备、微处理器和输入输出设备组成，采集数据设备主要有电源部分、测角系统、测距系统、数据处理部分、通信接口、显示屏和键盘、望远镜等。数据处理部分主要由中央处理器、随机存储器和只读存储器构成，是全站仪的核心装置。通信接口是与外部设备连接的装置，能使全站仪与微机和磁卡等设备传输数据、交互通信。全站仪的主要部件及其结构功能如下。

电源部分：提供仪器所需的电力支持。

测角系统：用于测量水平角和竖直角，确保测量的准确性，将角度信息转换为电信号。

测距系统：包括发射和接收光波的设备，通过测量光波的传播时间来计算距离。

数据处理部分：通常是一个微处理器（CPU），是全站仪的核心部件，主要由寄存器系列（缓冲寄存器、数据寄存器、指令寄存器）、运算器和控制器组成，负责处理测量数据、进行计算、存储和显示结果。

通信接口：允许全站仪与其他设备（如计算机）进行数据交换。

显示屏和键盘：用户交互界面，用于输入操作指令和数据。

望远镜：用于精准瞄准目标，同时进行角度和距离的测量。

其他部件：包括水平制动螺旋、望远镜微动螺旋、圆水准器、管水准器、对中器等，这些部件能帮助全站仪在各种环境下稳定工作。

全站仪的工作原理涉及光速测量和数据处理。全站仪通过发射调制红外光，经过目标反射后再返回仪器，通过比较光束的相位差异来计算距离。同时，双轴自动补偿技术确保在仪器倾斜时仍能提供准确的测量结果。

由于全站仪的高精度和便捷性，其应用领域非常广泛，包括地上大型建筑和地下隧道施工等精密工程测量或变形监测。在特种设备检验检测中，如对起重机静刚度与上拱度等相关数据进行测量，以判断被测机械的性能。

2.9.3 使用实例

(1) 设备实例

设备名称	全站仪
型号	RTS
主要参数	①望远镜成像：正像； ②放大倍率：30； ③分辨率：3″； ④最短视距：1.0m； ⑤最小读数：1″； ⑥接口：RS-232C，USB； ⑦防护等级：IP55

续表

实物图	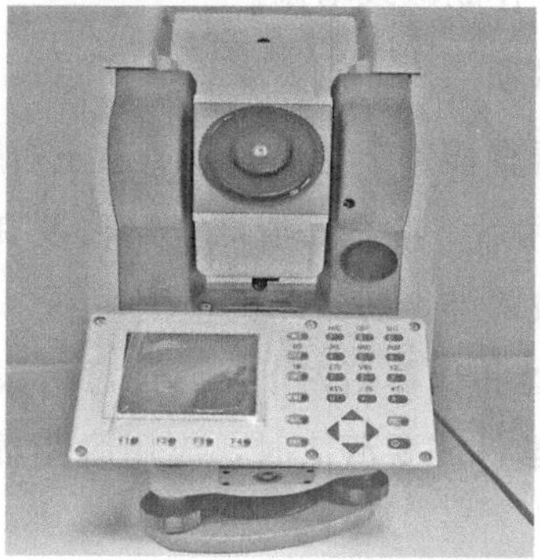

(2) 使用范围

全站仪常用于特种设备领域，如起重机机械装备基础、结构或变形参数的测量。

(3) 操作方法及注意事项

① 对中整平。安放三脚架，使三脚架腿基本等长，三脚架头位于测点上且近似水平，三脚架腿牢固地支撑于地面之上。将仪器放于三脚架头上，一只手握住仪器，另一只手旋紧中心螺旋。打开激光对点器，观察其与测点的位置，并适当调整相对位置，使其与地面标识重合。缩短离气泡最近的三脚架腿，或者伸长离气泡最远的三脚架腿，重复操作使气泡居中。松开水平制动手轮，转动照准部，使长水泡平行于角螺旋 A、B 的连线，旋转脚螺旋 A、B 使气泡居中，气泡向顺时针旋转的脚螺旋方向移动。旋转 90°再次调整脚螺旋使气泡居中。再旋转 90°并检查气泡位置，直到气泡居中。

② 调焦与照准。用望远镜观察明亮的背景，将目镜顺时针旋转到底，再逆时针方向慢慢旋转至十字丝成像最清晰。松开垂直和水平制动螺旋，用粗瞄准器瞄准目标使其进入视场锁紧两个制动螺旋。旋转望远镜调焦环至目标成像最清晰。用垂直和水平微动螺旋使十字丝精确照准目标。

③ 常规测量。开机后按照全站仪界面菜单选择角度、距离、坐标进行测量。悬高、对边、面积的测量应尽量采用仪器中的应用程序进行测量。坐标放样时，应准确输入测站点坐标和后视点坐标，确保方位角和放样的准确性。放样点的数量和位置应科学、合理，应能满足测量的要求。棱镜、标杆的安放位置必须精准，光线不足时，应设置必要的照明。

④ 数据的采集和记录。数据的采集和记录应优先利用全站仪的数据采集、

存储功能和数据下载及格式转换软件。人工记录数据时，其有效位应与全站仪示值精度一致，不作删减或增添。

(4) 注意事项

严禁将仪器直接置于地上，以免砂土对仪器、中心螺旋及螺孔造成损坏。

① 每次使用后，应全面清洁全站仪及其配件。清洁时应用绒布或毛刷清洁表面灰尘；若被雨淋，切勿开机。

② 保持仪器和仪器箱内干燥，注意防振、防潮、防尘。

③ 外露光学件需要清洁时，应用脱脂棉或镜头纸轻轻擦净，切不可使用其他物品擦拭。

④ 如长时间不用，应将电池卸下，并与主机分开存放。电池应每月充电一次。

⑤ 全站仪应避免将物镜直接照准太阳，若有需要可安装滤光镜。

⑥ 对精度要求高的测量，应用不同的测量方法、安放位置进行复验和校正。

2.9.4 相关知识——全站仪、经纬仪与水准仪

全站仪用于同时测量角度和距离，经纬仪主要用于测量水平角和垂直角，水准仪则用于测量地面两点间的高差。这三种仪器在测量工作中各有侧重，经纬仪专注于角度测量，全站仪则更全面，能同时获取角度和距离数据，而水准仪则专注于高差的测量。它们共同构成了测量领域的重要工具组合，为各行业的测量工作提供了有力的支持。

全站仪，即全站型电子测距仪，是一种集光、机、电为一体的高技术测量仪器，是集水平角、垂直角、距离（斜距、平距）、高差测量功能于一体的测绘仪器系统。因其一次安置仪器就可完成该测站上全部测量工作，所以被称为全站仪。

经纬仪是一种根据测角原理设计的测量水平角和竖直角的测量仪器，分为光学经纬仪和电子经纬仪两种，目前最常用的是电子经纬仪。

水准仪是根据水准测量原理来测量地面两点间高差的。主要部件有望远镜、管水准器（或补偿器）、垂直轴、基座、脚螺旋。按结构分为微倾水准仪、自动安平水准仪、激光水准仪和数字水准仪（又称电子水准仪）。水准仪可以测高差，带度盘的可以大致定向。经纬仪可以测角度、压线和前方交会放样。

全站仪就是经纬仪加测距头，可以测三角高程、坐标、角度等。全站仪包含了水准仪的功能，但不能完全取代水准仪，测量规范规定三角高程测量只能代替

三、四级水准。按照相关国家标准，一级水准每公里高差中误差为±0.5mm，闭合差限差为±$2L$mm，而三级水准每公里高差中误差为±3mm，闭合差限差为±$12L$mm。例如，一级水准测量路线的长度 $L=25$km，则闭合差限差为：±2×25=±50mm。

水准仪是在 17～18 世纪发明了望远镜和水准器后出现的。20 世纪初，在制出内调焦望远镜和符合水准器的基础上生产出微倾水准仪。20 世纪 50 年代初出现了自动安平水准仪；20 世纪 60 年代研制出激光水准仪；90 年代出现电子水准仪或数字水准仪。经纬仪的历史可以追溯到 1921 年瑞士发明的第一台光学经纬仪。随着电子技术的发展，经纬仪逐渐电子化，实现了读数、记录、计算、显示的一体化。

第3章 无损检测仪器设备

无损检测是在不破坏被检对象的前提下，利用声、光、电、磁等特性，弥补常规检验方法的不足，测量工件的几何特征和尺寸，发现材料或工件表面和内部存在的缺陷，测定材料或工件的内部组成或组织、结构、物理性能和状态等。

无损检测技术在机电类特种设备检测中具有非常重要的作用，它可以在不破坏被检测物体的情况下，发现其内部或表面缺陷。目前机电类特种设备检验检测中常用到的无损检测方法有超声波检测、射线检验、渗透检测、磁粉检测、涡流检测、热像/红外检测等。

① 超声波探伤检测（UT）：利用超声波在材料中传播和反射的特性来检测材料内部缺陷。超声波探伤适用于各种材料，包括金属、非金属和复合材料，可以检测出裂纹、气孔、夹杂等缺陷。

② 磁粉探伤（MT）：通过在材料内部施加磁场使其磁化，然后在工件表面撒上磁粉并观察磁粉分布变化来检测缺陷。这种方法适用于铁磁性材料的表面和近表面缺陷检测，但无法检测内部缺陷。

③ X射线检测（RT）：利用X射线穿透物体后的衰减来检测内部缺陷。X射线检测具有高灵敏度和高分辨率，适用于航空航天、石油化工等领域，但需严格遵守操作规程以减少对人体和环境的伤害。

④ 渗透探伤检测（PT）：利用液体的毛细现象和固体染料的发光现象来检测表面缺陷。这种方法操作简便，适用于各种材料的表面缺陷检测。

⑤ 涡流探伤：利用电磁感应原理检测导体中的涡流变化来检测缺陷，常用

于检测导电材料如管道和线圈。

⑥ 声发射检测（AE）：利用材料受外力作用时产生的声发射信号来检测内部缺陷，特别适用于检测疲劳裂纹和焊接缺陷。

⑦ 热像/红外检测（TIR）：利用红外热成像仪检测物体表面的温度分布来发现内部缺陷，适用于检测材料内部的热传导性能变化。

这些方法各有特点，适用于不同的材料和缺陷类型。选择合适的方法进行检测可以提高效率和准确性。

下面着重介绍常用的无损检测设备，包括：测厚仪、硬度计、射线探伤机、超声探伤仪、磁粉探伤仪、热像仪。

3.1 测厚仪

3.1.1 功能及种类

测厚仪（thickness meter）是用于测定材料本身厚度或材料表面覆盖层厚度的仪器。有些构件在制造和检修时必须测量其厚度，以便了解材料的厚薄规格、各点均匀度和材料腐蚀、磨损程度；有时则要测定材料表面的覆盖层厚度，以保证产品质量和生产安全。根据测定原理的不同，常用测厚仪有超声测厚仪、磁性测厚仪、涡流测厚仪、同位素测厚仪四种。

超声波测厚仪在各种介质中的声速是不同的，但在同一介质中声速是一常数。超声波在介质中传播遇到第二种介质时会被反射，测量超声波脉冲从发射至接收的间隔时间，即可将这间隔时间换算成厚度。超声波测厚仪多是携带式的，体积与小型半导体收音机相近，厚度值的显示多是数字式的。对于钢材，最大测定厚度达 2000mm 左右，精度为±0.01～±0.1mm。

磁性测厚仪在测定各种导磁材料的磁阻时，测定值会因其表面非导磁覆盖层厚度的不同而发生变化，利用这种变化即可测知覆盖层厚度值。常用于测定铁磁金属表面上的喷铝层、塑料层、电镀层、磷化层、油漆层等的厚度。

涡流测厚仪的原理是：当载有高频电流的探头线圈置于被测金属表面时，由于高频磁场的作用而使金属体内产生涡流，此涡流产生的磁场又反作用于探头线圈，使其阻抗发生变化，此变化量与探头线圈离金属表面的距离（即覆盖层的厚度）有关，因而根据探头线圈阻抗的变化可间接测量金属表面覆盖层的厚度。常用于测定铝材上的氧化膜或铝、铜表面上其他绝缘覆盖层的厚度。

同位素测厚仪利用物质厚度不同对辐射的吸收与散射不同的原理，可以测定薄钢板、薄铜板、薄铝板、硅钢片、合金片等金属材料及橡胶片、塑料膜、纸张等的厚度。常用的同位素射线有γ射线、β射线等。

超声波测厚仪的优势：一是体积小、重量轻、便于携带且价格便宜、无污染、不受使用场地环境限制等；二是有良好的指向性，对金属、非金属材料的厚度测量，既快又准确，测量精度通常可达±0.01mm，尤其是在只许可一个侧面可接触的场合，更能显示其优越性。在特种设备检验检测领域，它广泛应用于起重机械、大型游乐设施等特种设备的受力结构部件物体厚度的测量。超声波测厚仪的测量范围取决于其传感器频率、被测材料声速及设备设计性能，常用的探头频率为0.5～5MHz，测量范围为：1.2～300mm（钢），5.0～40mm（铸铁），常用于零部件壁厚测定及其局部腐蚀、锈蚀的情况检测。

3.1.2 超声波测厚仪

超声波测厚仪实际上是一种“计时”仪器，通过记录超声波发射信号与反射信号之间的时间差，再乘以超声波在材质中的传播速率（即声速）来计算厚度，在工业生产中得到了广泛的应用。当探头发射的超声波脉冲通过被测物体到达材料分界面时，脉冲被反射回探头，通过精确测量超声波在材料中传播的时间来确定被测材料的厚度。凡能让超声波以恒定速度在其内部传播的各种材料均可采用此原理测量。适合测量金属（如钢、铸铁、铝、铜等）、塑料、陶瓷、玻璃、玻璃纤维及其他任何超声波的良导体的厚度。

超声波测厚技术主要用于机械制造、工程建设、石油化工设备、特种设备等领域的测厚。超声波测厚仪由主机、探头、试块三部分组成。超声波测厚仪主机包括发射部分、接收部分、计数显示部分。其基本原理是通过超声波探头产生压电效应发射、接收超声波。压电效应原理：某些晶体受到拉力或压力而产生变形时，在晶体的界面上出现电荷的现象叫正压电效应。而在电场的作用下，晶体发生弹性变形的现象，被称为逆压电效应。正压电效应和逆压电效应统称为压电效应。探头的核心元件是薄片状压电晶体，通常被称为压电晶片。测厚仪发射产生的高频电发射的电脉冲施加于探头时，激励压电晶片发生高频振动，产生超声波，通过耦合层进入被测工件，产生反射后被接收电路接收，通过单片机计数处理后，经液晶显示器显示厚度数值。

3.1.3 使用实例

(1) 设备实例

设备名称	超声波测厚仪
型号	HCH-2000D
主要参数	①测量范围：0.65～350mm； ②声速范围：1000～9990m/s； ③显示精度：0.01mm； ④测量误差：1%×厚度值±0.05mm； ⑤探头频率：2～10MHz； ⑥数据传输：RS-232 接口，可与微型打印机或 PC 连接
实物图	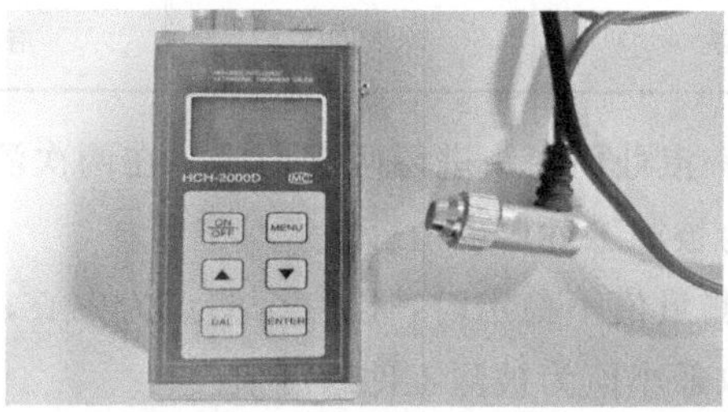

(2) 使用范围

用于测量起重机械、大型游乐设施等设备材料的壁厚，评估材料的腐蚀或磨损情况。

(3) 操作方法

① 开关机。按“ON/OFF”键即可，该键为复合键，开机状态下为关机键，关机状态下为开机键。具有自动关机和手动关机两种关机方式，若 2min 内不进行任何操作，将自动关机。

② 仪器校准。检测状态下，测量仪器上方的标准试块。屏幕应该显示 4.00mm，若是其他数字，则在测量试块的同时按住“CAL”键 2s 左右，直到数字变成 4.00mm 即可完成校准。

③ 测量。在打磨好的被测工件表面上涂上耦合剂，将探头轻按在测量点上，待屏幕上显示出耦合标志时，确定一个最小的数值。

④ 声速调整。选择此项后，如果希望改变当前显示声速单元的内容，用上下键调整到期望值即可。调整完成后，按“ENTER”键进行保存，同时返回测

量状态。

(4) 注意事项

① 检测不同的工件时，必须按被测件材料的相应声速调整后再进行测量。如表 3-1 所示。

表 3-1 常用材料的参考声速表

材料	声速/(m/s)	材料	声速/(m/s)
铝	6400	铜	4700
锌	4170	不锈钢	5790
银	3600	黄铜	4640
金	3240	锡	3230
钢铁	5900	有机玻璃	2730

② 在一点处用探头进行两次测厚，在两次测量中探头的分割面要互为 90°，取较小值为被测工件厚度值。

③ 当测量值不稳定时，以一个测点为中心，在直径约 30mm 的圆内进行多次测量，取最小值为被测工件厚度值。

④ 当被测工件表面温度超过 60℃时，不能强行使用，要更换带有高温探头的测厚仪。

⑤ 测厚仪使用完后，要将测厚仪上、探头上、缆线上的耦合剂、污垢等擦净，保护测厚仪的完好性。

⑥ 如果长期不从事检测时，要将测厚仪内的电池取出，机壳上的试块、探头要涂上少许机油后再保存。

⑦ 如测量时间较长时，要按仪器的技术要求，重新对仪器进行校准，以保证测厚值的准确性。

⑧ 在役起重机械设备大部分有应力存在，固体材料的应力状况对声速有一定的影响，当应力作用使工件弹性增加时，声速加快；反之则声速减慢。

⑨ 测曲面工件时，采用曲面探头护套或选用小管径专用探头。对于晶粒粗大的铸件和奥氏体不锈钢等，应选用频率较低的粗晶专用探头（2.5MHz）。

3.1.4 示值失真原因

超声波测厚在实际应用中会出现测厚仪示值偏大或偏小的现象，如果出现测厚仪示值失真，会给被检设备造成安全隐患，而如果根据测厚仪错误的数据更换了材料或设备的零部件，便会增加制造成本和使用成本，而造成大量的资源浪费。那么，超声波测厚示值失真是由什么造成的呢？其原因是多方面的，主要原因如下。

① 被测物体内有杂质物（不同声速的物质），当杂质物声阻抗与被测物体声阻抗相差不大时，测厚仪示值为壁厚加杂质物厚度；当杂质物的声阻抗大于被测物体的声阻抗时，测厚仪示值会出现增厚现象，如铸钢件中出现高密度物质。

② 被测物体材料内部存在缺陷（其大小、位置、方向等对测厚示值影响较大），如钢板轧制过程产生的夹层，当夹层的直径小于或稍大于测厚仪探头直径时，绕夹层边缘移动测量，可发现分层缺陷。当夹层直径远大于探头直径时，测厚仪示值失真。此时不能作为判断设备及材料厚度示值的依据，而应使用其他无损检测的方法进行检测，如用超声波探伤仪，查明夹层分布情况和面积大小以及夹层与母材表面的倾角，以确定其危害性。

③ 温度也会影响测厚仪示值大小。在用超声波测厚仪检测时，一般固体材料中的声速随温度升高而降低，如果被测物体处于高温状态，应选用高温测厚专用探头，避免测量示值误差过大。

④ 超声波测厚仪无法测量层叠材料、不完全复合材料的厚度。因为超声波测厚仪的超声波无法穿透未经耦合的空间，此时测量的示值可能是单层示值。

⑤ 耦合剂对测厚示值的影响。耦合剂是一种媒介，用来排除测厚仪探头与被测物体之间的空气，使测厚仪的超声波能有效地进入被测物体内部，从而达到检测的目的。所以选择耦合剂时，应尽可能考虑其声阻抗与被测物体的声阻抗一致，且黏度应当适中，无污染，对人体无影响。

⑥ 被检工件的形状。当被检工件检测面对应的面（一般称底面）不平行，存在夹角时，随着夹角的增大，返回接收到的超声波随之减小，示值显示失真或不能显示被测部位数值；再如，被检测工件的曲率半径对测量结果有影响，这种影响将随曲率半径的减小而明显地增大，示值失真也随之增大。

⑦ 被测面的表面质量。在进行测厚前应对被测物体表面金属氧化物、油漆覆盖层、涂层、粗糙的表面进行打磨，露出金属光泽或本色，否则会使测厚仪示值失真。即使被测物体表面的金属氧化物、油漆覆盖层、涂层与被测物体表面结合紧密，但由于它们的声速不同，依然会导致测厚仪检测示值失真。资料显示，当覆盖层厚度大于 $25\mu m$ 时，其误差与覆盖层厚度近似成正比。

⑧ 操作不当也会造成测厚示值误差。如声速的选择，应根据不同的材质选择不同的声速等。在测厚前、测厚中及测厚结束，应及时用标准试块进行校正，检查误差是否在允许范围内，否则应重新测厚。

⑨ 临界厚度。任何一种测厚仪都要求基体金属有一个临界厚度，只有大于这个厚度，测量才不会受基体金属厚度的影响。

因此在使用超声波测厚仪检测时，要正确选择测厚仪及探头，对被检物表面进行处理，正确使用耦合剂，积极预防超声波测厚仪示值失真，避免造成事故隐患或浪费。

3.2 硬度计

3.2.1 功能及种类

材料硬度是指材料抵抗局部塑性变形（如压入、划痕或磨损）的能力。它是材料力学性能的重要指标之一，广泛应用于材料选用、工程设计分析、热处理、表面处理、材料失效分析等领域。

硬度计（hardness tester）是一种用于测量材料硬度的仪器，按名称分类，硬度计主要可以分为以下几类。

① 里氏硬度计：用于金属材料的测试，特别是对较大型工件的测试，能够将各种硬度值进行换算。

② 洛氏硬度计：用于测试各种钢材（包括合金钢和不锈钢）的硬度。洛氏硬度计有多种类型，如电动洛氏硬度计、数显洛氏硬度计、数显表面洛氏硬度计等。

③ 维氏硬度计：用于测试黑色金属、有色金属、硬质合金以及表面渗碳、渗氮层的硬度。维氏硬度计适用于较薄的材料和表面硬化层。

④ 布氏硬度计：用于测试未经淬火的钢材、铸铁、有色金属及质软的轴承合金材料的硬度。布氏硬度计适用于原材料与半成品的硬度测量。

⑤ 邵氏硬度计：用于测试橡胶类产品的硬度，分为 HA 和 HD 两种类型，前者用于较软的橡胶，后者用于较硬的橡胶或塑料。

⑥ 韦氏硬度计：用于铝合金类产品的硬度测试，是便携式手持硬度计，适用于现场快速检测。

⑦ 巴氏硬度计：用于玻璃钢类产品的硬度测试，测量范围比韦氏更广。

⑧ 肖氏硬度计：用于测定黑色金属和有色金属的肖氏硬度值。

3.2.2 里氏硬度计

里氏硬度计是一种先进的硬度测试仪器，但因其以冲击体反弹速度与冲击速度之比乘以某系数来测定硬度，并依据对比曲线来换算布氏硬度值和强度值，因而在实际应用中存在一定误差。该种硬度测量方法最早应用于橡胶、木材、陶瓷、塑料等非金属材料的硬度测试，因其结构简单、易于操作和携带，且结果直观，并可直接和各硬度值进行换算，因而逐渐应用于石油、化工、机械、电力、特种设备等行业。里氏硬度（Leeb hardness，HL）测试是一种动态硬度测试方法，因其便携性、快速性和非破坏性在特种设备领域得到广泛应用。里氏硬度测试特别适用于大型、不易移动或形状复杂的零部件，如起重机械、压力容器、锅炉等。

里氏硬度计原理：用规定质量的冲击体在弹力作用下，以一定速度冲击试样表面，用冲头在距试样表面 1mm 处的回弹速度与冲击速度的比值计算硬度值。里氏硬度（HL）可以通过硬度换算表或公式转换为其他常见的硬度值，如布氏硬度（HB）、洛氏硬度（HRC）、维氏硬度（HV）等。这些转换通常基于实验数据和经验公式，但需要注意的是，硬度转换并不是完全线性的，具体数值可能会因材料类型、测试方法和设备差异而有所不同。里氏硬度值（HL）＝1000×(冲击体回弹速度/冲击体冲击速度)。

3.2.3 使用实例

(1) 设备实例

设备名称	里氏硬度仪
型号	MH-100
主要参数	①测量范围：170～960HLD； ②测量方向：支持垂直向下、斜下、水平、斜上、垂直向上； ③测量材料：钢和铸钢、合金工具钢、不锈钢、灰铸铁、球墨铸铁、铸铝合金、铜锌合金、铜锡合金、纯铜、锻钢； ④硬度制式：里氏硬度、布氏硬度、洛氏硬度、维氏硬度、肖氏硬度； ⑤数据存储：最大 100 组

续表

<table>
<tr><td>实物图</td><td>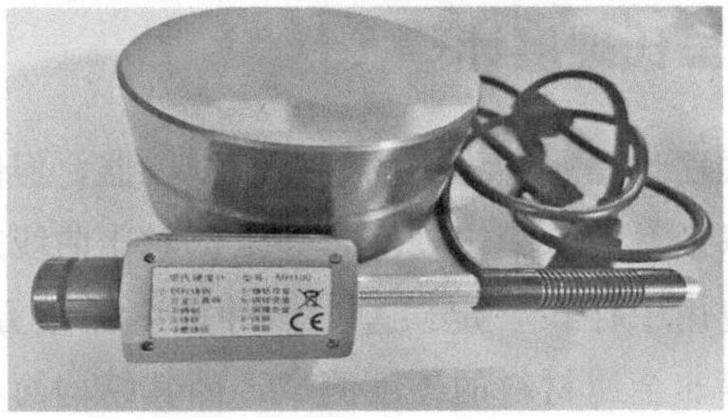</td></tr>
</table>

(2) 使用范围

用于测量大型游乐设施、起重机械等设备的材料硬度，评估材料的力学性能。

(3) 操作方法及注意事项

① 开关机及参数设定。按电源键实现开机、关机操作；F1 键和 F2 键可以实现选择、设定、改变参数等功能。参数包括材料种类、冲击方向、硬度制式、冲击次数等。

② 加载冲击装置后，将冲击装置牢固地垂直对准试件表面，释放载荷时，冲击装置不能有丝毫的晃动。

③ 按动冲击装置上部的释放按钮，进行测量。每完成一次测量，显示屏会显示本次测量值；冲击次数计数增 1；如果超出测量范围，蜂鸣器长鸣一声；达到设定的冲击次数后，蜂鸣器短鸣两声，等待 2s 后蜂鸣器短鸣一声显示平均值。

④ 每个测试值应是 3～5 次或更多次测试的平均值。每个点的中心距离不得小于 3mm。

⑤ 一组测试结束后，待主机显示出 AVE 后，才能进行下一组测试。

⑥ 完成一组测试后，可将存入主机内的硬度值通过打印机打印出。

⑦ 测试结束后，要及时关掉主机电源和打印机开关，防止长时间放电。

⑧ 首次使用硬度计或长时间不使用后再次使用前，必须用随机里氏硬度块对仪器和冲击装置进行校准。

⑨ 被测工件表面应小于 120℃，不能过热，表面粗糙度不能过大，以免引起测量误差。工件本身磁性应小于 30Gs，工件应有足够的厚度。

⑩ 对于特定材料，欲将里氏硬度值较准确地换算为其他硬度值，必须做对比试验以得到相应的换算关系。对比曲线至少应包括三组对应的数据。

⑪ 不是所有材料都可以转换成所有硬度制，更改材料后硬度制会自动恢复

为 HL。所以设置测量条件时要先选择材料，再设置硬度制。

3.2.4 相关知识——几种常见硬度计及材料硬度值

硬度计是用于测量材料硬度的仪器，根据测量原理和应用场景的不同，硬度计可以分为多种类型。

(1) 测量原理

里氏硬度计：通过测量冲击体冲击试样表面后的回弹速度来确定硬度值，利用冲击体回弹速度与冲击速度的比值来计算硬度。

布氏硬度计：通过一定直径的硬质合金球压入试样表面，保持规定时间后卸除试验力，测量试样表面压痕的直径来计算硬度。

洛氏硬度计：利用金刚石圆锥或钢球压头在一定压力下压入材料表面，通过测量压痕的深度来确定材料的硬度值。

维氏硬度计：使用金刚石正四棱锥作为压头，施加一定载荷压入被测材料表面，保持一定时间后，测量压痕对角线长度，计算维氏硬度值。

(2) 适用范围

里氏硬度计：适用于多种金属材料，对工件的形状和尺寸适应性较好，特别适合不易移动的大型工件或不易拆卸的部件。

布氏硬度计：主要用于较大尺寸、较厚的试样，以及具有较大平面或圆柱面的工件。用于较软或中等硬度的材料，如铸件、锻件、有色金属（铝、铜等）及低硬度钢。

洛氏硬度计：是一种常用的硬度测试仪器。洛氏硬度计具有操作简单、测试速度快、适用范围广等优点，适用于快速检测大批量金属材料的硬度。

维氏硬度计：适用于各种硬度的材料，包括金属、陶瓷、薄层、镀层等。特别适用于微小区域或薄壁试样的硬度测量。

(3) 精度和重复性

里氏硬度计：测量结果可能受到工件表面粗糙度、材料组织结构不均匀等因素的影响。

布氏硬度计：压痕较大，测量结果受材料表面不均匀性的影响较小，通常具有较高的精度和重复性。

洛氏硬度计：其压痕较小，代表性差，所测硬度值的重复性差、分散度大，可以根据测试需求选择不同的压头和压力，以满足不同材料的测试要求。

维氏硬度计：压痕较小，需要使用显微镜测量，操作较复杂，压痕规则，适用于高精度测量，从极软到极硬材料均可测量，适用范围广。

（4）常见材料的硬度范围

常见材料的硬度范围因其成分、热处理工艺和用途的不同而有所差异。表 3-2 是常见材料的硬度范围。

表 3-2 常见材料的硬度范围值

材料	硬度范围	测量方法
纯铝	15～20HB	布氏硬度
低碳钢	120～200HB	布氏硬度
高碳钢	50～65HRC	洛氏硬度
不锈钢	20～30HRC	洛氏硬度
铜	40～100HB	布氏硬度
陶瓷	1000～3000HV	维氏硬度
低碳钢	400～550HL	里氏硬度
高碳钢	550～750HL	里氏硬度
铸铁	300～500HL	里氏硬度
橡胶	50～90HL	里氏硬度
塑料	80～150HL	里氏硬度

3.2.5 应用示例——起重机械硬度检测

检测起重机械吊钩、齿轮零部件的硬度和热处理效果，确保零部件的耐磨性和抗疲劳性能，其典型硬度范围如下。

吊钩：HLD 450550（转换为 HRC 4555）。

齿轮：HLD 580620（转换为 HRC 5862）。

3.3 超声探伤仪

3.3.1 功能及种类

超声波探伤仪（ultrasonic flaw detector）是一种利用超声技术进行无损检

测的设备，它能够快速、便捷、无损伤、精确地进行工件内部多种缺陷（裂纹、疏松、气孔、夹杂等）的检测、定位、评估和诊断。在工业领域，通常应用于冶金（钢铁、铝结构件）、制造、航空、场（厂）车等各种领域合金材料的检测。超声波无损检测技术是目前成熟、应用广泛的技术，穿透深度大，能检测出工件内部深处的缺陷，检测灵敏度高，能检测出小的缺陷。

超声探伤仪的种类主要包括以下几类。

(1) 按信号类型分类

① 模拟信号探伤仪：价格较低，适用于基本检测需求。

② 数字信号探伤仪：价格较高，具有自动计算和保存数据的功能，适用于高精度检测。

(2) 按显示方式分类

① A 型显示：最常见的显示方式，用于显示缺陷的波幅。

② B 型显示：用于显示缺陷的俯视图像。

③ C 型显示：用于显示缺陷的侧视图像。

④ 3D 型显示：用于显示缺陷的三维图像。

(3) 按通道数目分类

① 单通道探伤仪：由一个或一对探头单独工作，适用于简单检测。

② 多通道探伤仪：由多个或多对探头交替工作，适用于自动化检测。

(4) 按工作原理分类

① 脉冲反射式探伤仪：通过发射脉冲超声波并检测其反射波来检测缺陷，适用于检测厚度较大的工件。

② 穿透式探伤仪：通过测量超声波穿透工件后的衰减情况来检测缺陷，适用于薄板或小尺寸工件。

3.3.2 工作原理

超声波检测技术是利用超声波无损检测设备发射和接收超声波，然后对超声波进行分析以判断缺陷的一种检测方法。它是一种基于超声波在工件和材料内部传播特性的无损检测技术。凡是能将其他形式能量转换成超声振动形式的方法都可以产生超声波。如机械方法、热效应法、磁伸缩法和电磁声法。在超声探伤中应用最广的是利用压电材料的压电效应，来实现超声波的发射和接收。当晶片上受到交变应力（即机械振动）时，它将同步产生交变电场（称正压电效应），相反在交变电场作用下，它又会产生与电场同步伸缩的机械振动（称逆压电效应）。探伤仪上的探头晶片通过逆压电效应产生超声波，当超声波回波作用于晶片时，又通过正压电效应（机械振动产生电场）将声信号转换为电信号，输入探伤仪进行分析。

利用超声波在物体中的多种传播特性，例如反射与折射、衍射与散射、衰减、谐振以及声速的变化，可以测知许多物体的尺寸、表面与内部缺陷、组织变化等，因此超声波检测是应用最广泛的一种重要的无损检测技术。

超声波探伤主要通过测量信号往返于缺陷的渡越时间，来确定缺陷和表面间的距离，也就是通过测量回波信号的幅度及其与发射换能器之间的位置，来确定缺陷的大小和方位。

超声波探伤仪的原理涉及物理声学、材料科学及电子技术的综合应用，是保障材料安全性和结构完整性的重要工具。

3.3.3 使用实例

（1）设备实例

设备名称	数字式超声波探伤仪
型号	KUT800
主要参数	①检测范围：0～9999mm； ②声速范围：1000～9999m/s； ③工作频率：0.2～15MHz； ④增益范围：0～110dB； ⑤垂直线性误差：≤3%； ⑥水平线性误差：≤0.1%
实物图	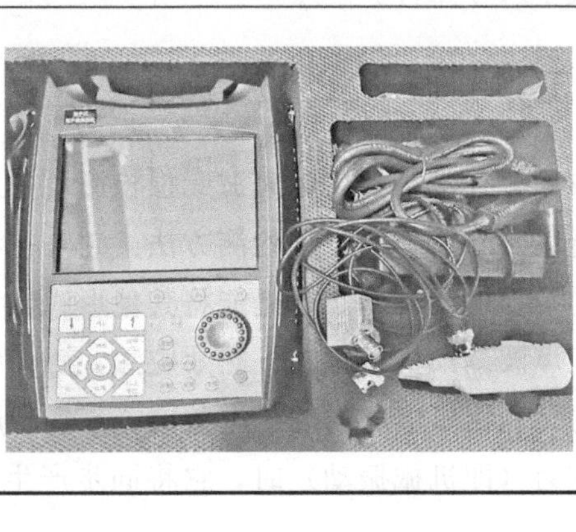

(2) 使用范围

用于快速、便捷、无损伤、精确地进行起重机械、大型游乐设施等特种设备工件内部多种缺陷（裂纹、气孔、夹杂等）的检测、定位、评估和诊断。

(3) 操作方法

① 根据实际工作需要，选择探头。

② 进入参数界面，输入探头参数、工件厚度、表面补偿量等。

③ 调节各功能键在标准试块上进行仪器校准，进行调零、前沿测量、K值测定，在标准试块、对比试块上绘制相应的DAC曲线。DAC曲线是通过测量不同深度的人工缺陷（如平底孔）的回波信号来绘制的信号幅度与缺陷深度之间的对应关系曲线。该曲线用于校正超声波探头在不同深度接收到的信号强度。

④ 将制作好的校准通道保存。

⑤ 检测：开机后选择校准文件进行检测。

⑥ 如果发现了缺陷，移动闸门套住缺陷波，显示屏上将指示出的缺陷声程、距离和深度。

(4) 注意事项及维护

① 拆卸电池时必须先关机，以免损坏仪器。

② 连接通信电缆和打印机电缆时，必须在断电状态下操作。

③ 应避免强烈振动、冲击和强电磁场的干扰，应避免雨水及机油渗入内部。

④ 不要长期置于高温、潮湿和有腐蚀气体的地方。

⑤ 探伤仪使用完毕，应对仪器的外表进行清洁，然后放置于室内干燥通风的地方。

⑥ 仪器长期不使用时，要定期开机工作一段时间，并给电池充足电，以保护电池。

3.3.4 应用示例——大型游乐设施内部检测

按照相关规定，大型游乐设施需要进行内部检测的对接接头应当采用射线或超声波检测，采用不可记录的脉冲反射法超声波检测时，还应当采用射线检测或者可记录的超声波检测作为附加局部检测。

按照GB/T 34370.5—2017《游乐设施无损检测　第5部分：超声检测》的规定，大型游乐设施超声波检测质量要求和合格级别应符合以下项目：

要求进行全部无损检测的对接接头，脉冲反射法超声波检测技术等级不低于B级，合格级别为Ⅰ级；

要求进行局部无损检测的对接接头，脉冲反射法超声波检测技术等级不低于B级，合格级别不低于Ⅱ级；

角接头的对接焊缝和T形接头的对接焊缝，脉冲反射法超声波检测技术等级不低于B级，合格级别不低于Ⅱ级。

B级检测适用于工件厚度为8～200mm焊接接头的检测。检测纵向缺陷时，当母材厚度为8mm$\leqslant t<$40mm时，用一种K值探头采用一次反射法在焊接接头的单面双侧进行检测；当母材厚度为40mm$\leqslant t<$100mm时，用一种K值探头在焊接接头的双面双侧进行检测，也可采用两种K值探头在焊接接头的单面双侧（双面单侧）进行检测；当母材厚度为100～200mm时，应采用两种K值探头采用直射波在焊接接头的双面双侧进行检测。检测横向缺陷时，用斜探头检测，可在焊接接头两侧边缘使探头与焊接接头中心线成10°～20°做斜平行扫查，母材厚度为8mm$\leqslant t \leqslant$100mm时可采用1种探头在单面斜平行扫查，母材厚度为100mm$<t\leqslant$200mm时应采用两种探头在单面斜平行扫查。

斜探头的折射角（K值）、标称频率的选取可按照表3-3的规定。条件允许时，应尽量采用较大折射角（K值）探头。

表3-3　推荐采用的斜探头折射角（K值）和标称频率

工件厚度 t/mm	折射角(K值)	标称频率/MHz
≥8～25	63°～72°(2.0～3.0)	4～5
>25～40	56°～68°(1.5～2.5)	2～5
>40	45°～63°(1.0～2.0)	2～2.5

直探头在大型游乐设备中主要用于检测厚度变化、内部材料缺陷（如气孔、夹渣）以及平行于检测面的分层缺陷。由于其垂直入射的特性，特别适合检测锻件、铸件、板材及部分焊接接头，如游乐设备支撑梁、过山车轨道板材等。直探头标称频率的选取可参照表3-4。

表3-4　推荐采用的直探头和标称频率

工件厚度 t/mm	标称频率/MHz
≥8～40	4～5
>40	2～5

3.4 磁粉探伤仪

3.4.1 功能及种类

磁粉探伤仪（magnetic particle inspection instrument）结构简单、操作容易、检验迅速、具有较高的探伤灵敏度，利用磁轭对铁磁性材料制成的工件进行磁化，可用来发现铁磁材料（镍、钴及其合金、碳素钢及某些合金钢）因锻压、淬火、焊接、疲劳等引起的表面或近表面的缺陷，如对连杆、曲轴、轴承、齿轮、高强度螺栓以及焊缝等几何形状复杂的工件进行探伤。它适用于薄壁件或焊缝表面裂纹的检验，也能显露出一定深度和大小的未焊透缺陷；但难于发现气孔、夹渣及隐藏在焊缝深处的缺陷。

按磁化方式分为电磁轭探伤仪和旋转磁场探伤仪。

按电流分为交流、直流、交直流两用型等磁粉探伤仪，直流供电电源为可充电电池，一次充电连续工作时间可达 6h 以上。交流供电电源采用 220V 电源直接输入，无需其他仪器配套，操作方便、简单，重量轻、便于携带，因而该仪器得到广泛应用。

按探伤所采用磁粉的配制不同，可分为干粉法和湿粉法。

磁粉探伤仪可配 A、D、E、O 四种型号探头。马蹄式探头（A 型）可以对各种角焊缝、大型工件的内外角进行探伤；电磁轭探头（D 型）配有活动关节，可以对曲面、平面工件进行探伤；旋转磁场探头（E 型）可以对各种焊缝及各种形状的曲面、平面进行一次性全方位探伤，可检查工件表面全方位的缺陷和伤痕；磁环式线圈（O 型）可以满足所有能放入线圈的工件周向裂纹的探伤，用它来检测工件的疲劳痕（疲劳痕均垂直于轴向）极为方便，还可以对工件进行远离法退磁。

3.4.2 基本原理

由于铁磁性材料的磁导率远大于非铁磁材料的磁导率，根据工件被磁化后的磁通密度 $\boldsymbol{B}=\mu\boldsymbol{H}$ 来分析，在工件的单位面积上穿过 $\boldsymbol{B}$ 磁力线，而在缺陷区域的单位面积上不能容许 $\boldsymbol{B}$ 磁力线通过，就迫使一部分磁力线挤到缺陷下面的材料里，其他磁力线被迫溢出工件表面以外形成漏磁，磁粉将被这样引起的漏磁所吸引，在此处显示缺陷的形状和位置，从而判断缺陷的存在。

3.4.3 使用实例

(1) 设备实例

设备名称	磁轭探伤仪
型号	ZCM-XYDA1703B-UV
主要参数	①提升力：≥70N； ②磁极间距：35～220mm； ③最大白光强度：≥2000lx； ④最大紫外线辐照度：≥6000μW/cm²
实物图	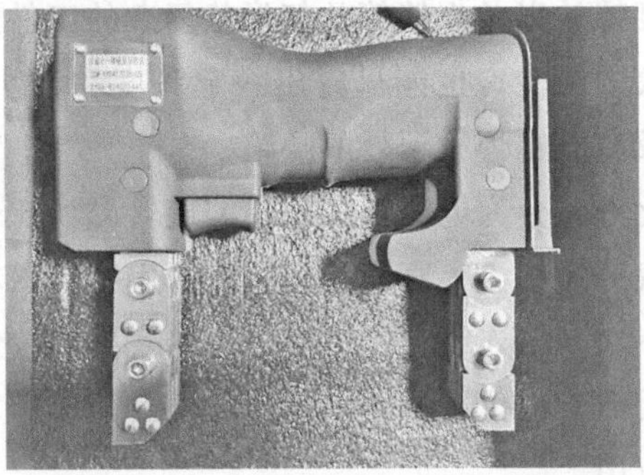

(2) 使用范围

用于探测起重机械、大型游乐设施部件等表面或近表面的裂纹、夹杂等缺陷。

(3) 操作方法及注意事项

① 装好电池，长按“开关”0.5s以上，接通电源，10s后（白光灯不闪烁），即可进行后续操作；

② 根据探伤需要切换黑白光灯；

③ 根据操作习惯选择自锁或不自锁模式（默认为不自锁）；

④ 选择白光灯工作模式（默认为加磁时亮，停磁时灭）；

⑤ 不自锁模式：按下“开关”，即可进行磁粉探伤，黑/白光灯自动熄灭；

⑥ 自锁模式：按一下“开关”，即可进行磁粉探伤，黑/白光灯自动点亮；再按一下“开关”，即可停止磁粉探伤，黑/白光灯自动熄灭；

⑦ 磁探仪在停止加磁且无任何操作的情况下，2min后，会自动断电；

⑧ 照明灯和紫外灯均为强光源，禁止直视；

⑨ 紫外线对人体有一定伤害，应避免直接照射人体。

3.4.4 应用示例——大型游乐设施表面检测

按照相关规定，大型游乐设施铁磁性材料部件焊缝表面应当优先采用磁粉检测。焊缝应当在外观与几何尺寸检测合格后再进行无损检测。有延迟裂纹倾向的材料至少在焊接完成24h后进行无损检测，有再热裂纹倾向的材料应当在热处理后增加一次无损检测。

大型游乐设施表面检测应当按照GB/T 34370.3—2017《游乐设施无损检测 第3部分：磁粉检测》的规定，采用磁粉检测，合格级别为Ⅰ级。

焊接接头的磁粉检测质量等级如表3-5所示。

表3-5 焊接接头的磁粉检测质量等级

等级	线性缺陷磁痕	圆形缺陷磁痕(评定框尺寸为35mm×100mm)
Ⅰ	$l \leqslant 1.5$	$d \leqslant 2.0$，且在评定框内不大于1个
Ⅱ	大于Ⅰ级	

注：l 表示线性缺陷磁痕长度；d 表示圆形缺陷磁痕长径。

3.5 射线探伤仪

3.5.1 功能及种类

射线检测是利用射线能够穿透物体来发现物体内部缺陷的一种检测方法。射线能够使胶片感光或者激发某些材料发出荧光。射线在穿透物体过程中按照一定的规律衰减，利用衰减程度与射线感光或者激发荧光的关系可检查物体内部的缺陷。射线检测分为γ射线检测、X射线检测、中子射线检测和高能射线检测。

射线检测的优点是可以直观地显示工件内部缺陷的大小和形状，对于缺陷的定性准确，对于长度和宽度尺寸的定量也较为准确；射线底片可作为检验的原始记录并能长期保存；对于体积型缺陷（如夹渣、气孔等）检出率较高。射线检测的缺点是对于面积型缺陷如未熔合、裂纹检出率较低，需要透照角度合适才能检测到，容易漏检；对于厚度较大的工件检验灵敏度下降；不适合用于检测角焊缝以及板材、棒材、锻件等；对缺陷在工件厚度方向的位置、尺寸的确定比较困难，需要借助厚度对比试块；射线检测的成本高、效率低；射线对人体有害，检测时需要采取适当的防护措施。

X射线探伤仪（X-ray flaw detector）是用X射线管产生的X射线束透照试件来检测其内部缺陷的装置，主要由控制器、X射线发生器、电源电缆、连接电缆及附件等组成。

控制器的主要作用是自动控制X射线发生器工作在设定的电压下，保证产生稳定的X射线，并自动控制曝光时间。X射线发生器设计为组合结构，X射线管、高压变压器与绝缘气体一起封装在桶状铝壳内。X射线管阳极接地，承受单向脉冲电压。X射线发生器有温度继电器，一旦出现温度过高情况能使控制台自动切断高压，以确保机器的安全。

X射线探伤机，习惯上按结构分为两大类：携带式和移动式。

(1) 携带式探伤机

携带式X射线探伤机根据射线束的辐射范围分定向辐射型、周向辐射型两种。定向辐射是固定的，射线束辐射圆锥角一般为40°～45°。周向辐射射线束是在与X射线管轴线成垂直方向的360°圆周上同时辐射X射线，在检测大口径管件和球形容器等的环形焊缝时，通过一次曝光可以完成整个焊缝的探伤照相工作，因而可以大大提高检测效率。

携带式探伤机的X射线发生装置有玻璃壳X射线管和波纹陶瓷X射线管两种。玻璃壳X射线管目前国内外使用比较普遍，因为它制造比较简单，造价低廉。波纹陶瓷X射线管目前多使用在变频气绝缘携带式X射线探伤机上，它具有使用寿命长等属于金属陶瓷管的一些特点。

(2) 移动式探伤机

移动式探伤机是无损检测工作的重要设备之一，用于对铸造及焊接部件进行无损检测，以确定其内部缺陷（夹渣、裂纹、气孔、焊接不良），广泛用于机械、化工、造船、高压容器、国防工业、汽车、航空航天、耐火材料等行业。功能完善，自动化程度高、性能可靠，操作简便，检测速度快且准确，广泛适用于生产线上连续检测。

移动式X射线探伤机通常由操纵台、高压发生器、射线管头、冷却装置、高压电缆、低压电缆、升降拖车和水管等组成，可配套工业电视装置。

3.5.2 相关知识——X射线

(1) X射线技术应用

射线检测技术利用射线与检测对象发生相互作用，借助胶片或传感器接收强度、相位等射线信号，通过分析获取被检测对象的组织结构和缺陷等内部信息。1895 年，伦琴发现 X 射线后，射线检测很快被应用于医学和工业检测中，目前在工业无损检测领域仍发挥着不可替代的重要作用，并且仍然是无损检测中比较活跃的研究领域。随着理论研究、材料、电子技术和计算机技术的进步，射线检测由传统的胶片检测发展出 CR、DR、CT、康普顿成像检测、中子检测等多种新型检测技术和方法，检测内容由常规缺陷检测向材料组织结构、残余应力、构件累计损伤、构件几何尺寸精密测量、构件寿命评估等方向发展。

射线探伤主要利用射线在不同结构或介质中衰减程度不同的原理来检测被测物体的缺陷。当射线穿透材料时，其强度会因材料的吸收和散射而减弱，强度衰减的程度取决于材料的衰减系数和射线穿过材料的厚度。如果试件内部存在缺陷，且缺陷的衰减系数与试件不同，则缺陷区域透射的射线强度将与周围区域不同。具体方法是利用 X、γ 射线、粒子加速器等设备进行渗透试验。穿过工件的射线使底片感光，经过暗室处理，得到具有一定黑度的底片，不同对应部位的黑度会有差异。将底片放在观片灯上，透过光线观察，可以看到由反差组成的不同形状的图像，据此可以对底片进行评价，从而评价工件的质量。

射线检测广泛应用于特种设备检验检测中。经过百余年的发展，射线检测理论研究和仪器研发不断进步，新的检测方法不断出现，应用范围不断拓展。总体而言，射线检测的自动化和数字化程度、检测精度不断提高，检测需要的辐射剂量不断降低，中子成像、康普顿散射成像技术不断成熟。同时射线检测朝着两个方向发展，一个方向是快速化、便携化、通用化，满足多种条件下快速检测的需求；另一个方向是专业化、大型化、高能化，实现对大型构件的检测或快速在线检测。射线检测技术也和其他检测技术不断相互融合，形成新的综合检测方案，射线检测服务由单一检测向安全评价和预警、剩余寿命评估等方向发展，并且不断与智能制造等新业态相互融合。

(2) X 射线的危害与防护

射线探伤仪是一种利用 X 射线穿透材料的特性检测内部缺陷的无损检测设备，但其产生的电离辐射具有潜在危害。X 射线属于电离辐射，能量较高时可破坏生物组织中的分子结构（尤其是 DNA），引发短期或长期健康风险。

① 皮肤损伤：长时间或高剂量暴露于 X 射线下可能导致皮肤红斑、水肿、灼伤甚至坏死（类似晒伤，但更严重）。

② 眼睛损伤：角膜或晶状体受损，引发白内障（职业性白内障常见于未防护的放射工作者）。

③ 全身反应：极高剂量（如数戈瑞以上）可导致恶心、呕吐、免疫力下降，

甚至出现辐射病或死亡。

④ 癌症风险增加：长期低剂量暴露于辐射下，可能会损伤DNA，导致基因突变，增加白血病、甲状腺癌、肺癌等癌症风险。

⑤ 器官损伤：长期低剂量暴露可能影响造血系统、免疫系统及内分泌系统的功能。

另外，对辐射危害的认知可能导致操作人员产生焦虑或恐惧情绪。若设备泄漏或操作不当，可能对周围环境（如空气、设备）造成污染。

为降低辐射风险，需遵循以下原则和措施。

① 时间防护。

缩短暴露时间：在保证检测质量的前提下，尽量减少操作人员在辐射场中的停留时间。

自动化操作：使用机械臂或远程控制设备进行X射线发射，减少人员直接接触。

② 距离防护。

增大与辐射源的距离：辐射强度随距离平方衰减，远离辐射源可显著降低剂量。

设置安全警戒区：在检测区域外划定禁区，防止无关人员靠近。

③ 屏蔽防护。

使用屏蔽材料，如铅板或铅玻璃。铅的原子序数高，对X射线屏蔽效果显著（如10mm厚的铅可屏蔽90%以上的辐射）。

使用混凝土、铁、钨作为铅的替代材料，但需根据X射线能量选择厚度。

设备设计：X射线探伤仪本身应配备铅玻璃观察窗、铅屏蔽外壳等，确保正常操作时泄漏剂量极低。

④ 个人防护装备（PPE）。

铅围裙/铅衣：铅当量通常为0.25～0.5mmPb，保护躯干和重要器官。

铅手套：防止手部直接接触辐射（如近距离操作时）。

铅眼镜：减少眼睛的辐射损伤风险。

剂量计：佩戴个人剂量报警仪，实时监测辐射暴露水平。

⑤ 操作规范与管理。

严格培训：操作人员需接受辐射安全培训，持证上岗（如：X射线探伤辐射安全与防护考核合格证）。

设备检查：定期检测X射线探伤仪的泄漏剂量是否符合《工业探伤放射防护标准》（GBZ 117—2022）。

隔离与警示：检测时设置明显的辐射警示标识（如红色警示灯、警示牌等）。确保检测区域密闭或有效隔离（如使用铅屏风等）。

应急措施：制定辐射泄漏应急预案，配备应急洗消设备。

3.5.3 使用实例

（1）设备实例

设备名称	射线探伤机
型号	XXQ-1605
主要参数	①输出电压 80～160kV； ②输入功率：1.5kW； ③辐射角度：40°+5°； ④最大穿透：A3 钢板 19mm
实物图	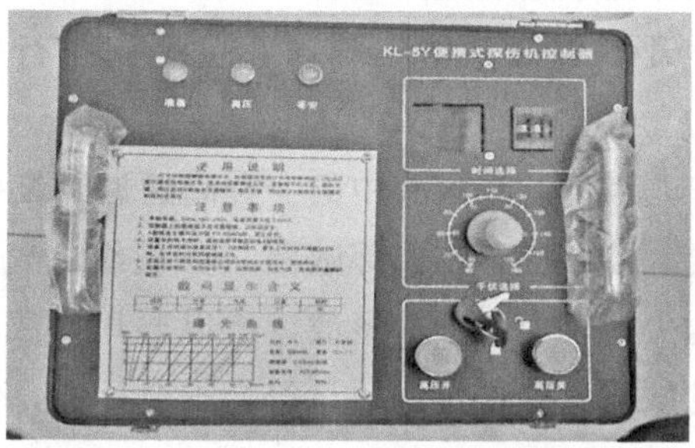

（2）使用范围

用于起重机械、大型游乐设施等特种设备的焊缝质量检测，通过射线检测方法实现对设备内部缺陷的无损检测。

（3）操作方法及注意事项

① 开机。接线并确认控制器各电缆连接正确，打开控制器侧面电源开关，操作面板上的显示指示灯将点亮。

② 系统自检。开机后，控制器首先进行系统诊断测试，若系统诊断正常，大约 30s 后出现正常提示，可以正常使用。

③ 曝光操作。当系统自检正常时，首先要设定曝光参数，确定检测工件的材料及厚度；根据检测工件的密度和厚度换算出与其相对应 A3 钢的厚度；根据 A3 钢的厚度查阅曝光曲线表，确定与其相对应的 kV 值和曝光时间。

④ 将 X 射线对准待检工件。

⑤ 将控制箱、管电压及曝光时间设置好。

⑥ 打开高压开关，曝光开始。

⑦ 待听到“铃声”，即曝光结束。

⑧ 射线探伤机控制台型号与管头型号一致，电缆接触应良好，接地端子应可靠接地，以保证安全。

⑨ 利用压力表检查 X 射线发生器中的气压，低于 0.35MPa 时禁止使用。

⑩ 接近管头操作（如切片等）时，应先将控制器高压关闭。

⑪ 禁止在管头接通高压（在曝光操作进行期间，包括暂停在内）或当管头休息时关机。

3.5.4 应用示例——过山车轨道焊缝内部缺陷检测

射线检测人员应取得射线检测相关门类的资格证书。如果缺少适当的防护，射线会对人体健康造成重大危害。X 射线设备或放射源的使用应符合放射防护法规的要求。开展射线检测工作时，应严格执行相关法律法规规定的安全防护措施。

过山车是大型游乐设施中的一种高速运行设备，其轨道和支撑结构的焊缝质量至关重要。若焊缝存在内部缺陷（如裂纹、气孔、未熔合等），可能导致轨道断裂或结构失效，引发严重事故。所以要用射线探伤仪检测过山车轨道的焊缝，发现内部的缺陷，确保焊缝质量符合安全标准，保障设备运行安全。

检测步骤：

① 清理焊缝表面，去除油污、锈迹等干扰物；

② 在焊缝一侧放置便携式 X 射线机或 γ 射线源；

③ 在焊缝另一侧放置射线探测底片或数字成像板（DR）；

④ 开启射线源，使射线穿透焊缝并在底片或成像板上形成影像；

⑤ 通过观察底片或数字成像结果，判断焊缝内部是否存在缺陷。

根据相关标准，焊缝的射线探伤结果应符合以下要求：无裂纹、未熔合、未焊透等严重缺陷。气孔、夹渣等缺陷的尺寸和分布不超过允许范围。如果焊缝影像中未发现超标缺陷，判定焊缝合格。如果发现缺陷，需记录缺陷的类型、位置和尺寸，并根据标准判断是否需要返修或进一步检测。

射线探伤仪还可用于检测大型游乐设施的以下部位：支撑结构焊接接头，如摩天轮的支柱、旋转飞椅的支撑臂等；关键铸件，如过山车车轮、连接轴等；螺栓连接区域，如检测轨道上的螺栓孔周围是否存在裂纹。

射线探伤仪在大型游乐设施检验中能够有效检测内部缺陷，尤其是对关键承力部件的焊缝和铸件进行无损检测。射线探伤可以及时发现潜在缺陷，确保设备的安全性和可靠性，防止事故发生，为游客提供安全的游玩环境。

3.6 热成像仪

3.6.1 功能及种类

根据是否需要外加激励（高能闪光灯、超声波、电磁、热风等），红外热成像检测技术可以分为主动式成像检测技术和被动式成像检测技术。实验室中多使用主动式成像检测，即通过对构件施加可控的激励来获得热像图。构件的缺陷处与非缺陷处的热阻和发热率是不同的，缺陷会阻碍“热流”的均匀传播扩散，形成“高温区”和“低温区”，借助后期图像增强、降噪、边缘特征处理等技术可对缺陷特征进行提取和研究。其中锁相红外热成像技术引入周期性的调制热源来激励被测物体，在被检测的物体内部形成正弦的红外热波，通过提取特定锁相频率下的表面热信号的幅值和相位来确定缺陷的信息，克服了环境因素的影响，减少了运算工作量和误差，节省了时间。在工程应用方面，由于现场试验条件的限制，外加激励源系统难以搭建，且外部环境条件干扰较大，一般采用被动式红外热成像检测技术，对设备本身发出的红外辐射进行检测。

参数测量法是指对同一个目标不同阶段的参数进行测量，与相关标准中规定温度或者历史档案温度进行对比，进而判断参数是否异常。任何系统正常工作时的参数都会在某一个正常工作区间内，工作中如果这些参数偏离了工作区间，则说明系统已经出现故障或者有可能会出现故障，需检修人员进行处理。在参数测量的基础上，结合一定的工作原理，即可快速、准确地找出故障原因，这样不仅可以诊断已发生的系统故障，而且还能预测可能会发生的潜在故障，大大提高了诊断的速度和准确性。

对整个电气系统进行红外热像图分析，可以准确发现三相负载不平衡和端子接触不良问题，结合各相电流和运行状态可迅速做到故障分析和排除。电气柜中易发热的元器件主要有断路器、继电器、接触器、剩余电流动作保护器、不间断电源、熔断器、可编程控制器、直流电压监控器、电抗器端子排、相序保护器、导线、隔离变压器等，每个元器件都有相应的红外热成像应用说明，通过定期检测确保元器件的温度保持相对稳定，不会随时间发生明显的温升。

采用红外热成像技术对电气设备的故障进行在线检测，可直接测量电气控制柜的整体温度分布，在热像图中直观地观察出最高发热点，如若发生电气设备故障，故障点的温度会出现大幅的上升，并会以故障点为中心向周围辐射大量的热能，在周围形成一个“能量热场”，通过检测“能量热场”就可以找到故障所在。

采用红外热成像仪可以从热辐射的角度研究电气柜的运行状态。电气元器件的接触点由于振动、腐蚀、老化、长期负载运行，会引起其接触电阻增大造成局部发热。对于封闭在设备壳体内部的元器件发生的各种故障，比如接头松动、老化、烧损等，由于受外部壳体的反射影响以及红外线的穿透能力的制约，无法直接用红外热成像仪来检测。但内部热故障相对发热比较稳定，受外界环境温度变化影响较小，故障点发热可经过对外辐射以及传导和对流，与故障点周围的部件或壳体发生热量传递，引起这些外部壳体部位的温度升高，被红外热成像仪采集并经后期分析处理，便可以做出相应的判断并采取对应措施。

3.6.2 原理与结构

红外热成像仪（infrared thermal imager）的原理是将目标物体的红外热辐射转化为电信号，再把处理过的电信号转化为可视图像。红外热成像仪是一种建立在红外辐射技术基础上的热成像测温设备，其测温原理基于待检测目标和检测环境的温度和发射率不同所导致的热对比度差异，通过红外探测器接收待测目标表面的热辐射，把待测目标表面的辐射能量密度分布情况以图像的形式呈现出来，即为“热成像”。

红外热成像仪的主要组成系统包括光学系统、红外探测器、信号处理系统、显示系统等，待测目标的红外热辐射被热像仪光学系统接收，汇集到红外探测器，红外探测器实现了红外辐射对电信号的转换，通过分析变换信号和补偿电路等方式把反映待测目标的红外辐射分布信号实现可视化显示，最后得到反映红外特性的图像。

3.6.3 相关知识——红外线技术发展

红外线是太阳光线中众多不可见光线中的一种，是自然界中广泛存在的电磁波辐射，当物体的温度高于绝对零度（－273℃）时便会发出波长 0.76μm～1mm 的红外辐射，这是物体内部分子热运动的结果。其辐射能量正比于自身温度的四次方，辐射出的波长与其温度成反比。1800 年，英国科学家赫歇尔发现，当把一个热的物像聚焦在一张薄油膜上时，薄油膜不同部位的蒸发会有细微差别，油膜对光的反应使人可以看到热成像，并设法在纸上记录这个热成像，称之为“热记录器”，这就是现在“红外热成像技术”的前身。热成像技术就是根据探测到的物体辐射能量的高低，利用仪器接收自物体发出的人眼不可见的辐射，通过图像处理后显示出物体的热影像，热影像以灰度或伪彩的变化形式表达物体对应部位的温度分布以及温度的高低。热成像技术的被动非接触探测方式对被测物的性状无干扰，有利于安全、准确地测量或观察高温、带电、远距离被测物的温度。

此技术最早应用于军事，第二次世界大战期间，德国和美国都先后制造出主动式红外夜视仪并应用于战场，但随后主动式夜视仪由于发射信号易被敌方发现，20 世纪 60 年代逐渐被红外热成像仪取代。1960 年，美国为了解决固体火箭发动机界面的脱粘问题而率先开展了红外热成像检测技术的研究工作，此后，美国的得克萨斯仪器公司、FSI 公司及瑞典的 AGA 公司等公司和众多学者对红外热成像技术进行了革新。

我国红外热成像检测技术起步较晚，1975 年西安热工所和昆明物理所等单位研制了我国第一台 HRD21 红外热成像仪，华中光电研究所于 2001 年成功研制了首台非制冷红外热成像仪，高德红外公司于 2014 年成功研制出红外探测器芯片，打破了国外技术垄断。目前，我国的红外仪器制造技术已得到了长足的发展，生产和经营的单位有 400 余家，近几年，计算机技术和微电子技术以及先进的光电成像、图像处理技术和科学的诊断算法的迅速发展，推进了红外诊断技术的发展，设备更加智能化，检测的可靠性和准确性也大大提高。目前我国的红外热成像仪器在连续变焦、杂散辐射的抑制、图像的检测精度和可靠性等方面的性能指标都已达到国际水平。

红外热成像技术是探测红外辐射并以图像的形式呈现的技术。红外热成像仪作为红外热成像技术的主要工具起源于 20 世纪中期。1964 年，瑞典国家电力局与 AGA 公司联合开发了第一台用于工业领域的热成像仪，采用液氮制冷，质量达到 30kg 以上，操作极为不便；1965 年，得州仪器公司研制出了世界上第一台二维红外热成像样机。此后，红外热成像技术的发展沿革如表 3-6 所示。

表 3-6　红外热成像技术发展沿革

时间	发展进程	主要用途
1973 年	第一台便携式红外热成像系统	工业用
1974 年	高速发展阶段,已研制出 60 多种热成像仪	美国海陆空三军

续表

时间	发展进程	主要用途
1979 年	第一台具备数字成像处理系统的可与计算机连接的热成像系统	工业用
1986 年	第一台热电制冷热成像系统	工业用
1991 年	第一台双通道数字式 12bit 研究型热成像系统	工业用
1997 年	第一台非制冷长波焦平面热成像仪(THV570),启动速度由 5min 降为 45s	工业用
2000 年	第一台具备红外与可见光融合技术的非制冷长波焦平面热成像仪	工业用

目前，红外热成像仪已经实现了三代的更迭，红外热成像仪应用范围也从军事领域、工业化领域扩展到日常生活、农业生产、医疗卫生等领域。第一代是探测元数少于 200 元的热成像仪，第二代为扫描型 FPA（焦平面阵列）的热成像仪；第三代是凝视型 FPA 的热成像仪。

3.6.4 使用实例

(1) 设备实例

设备名称	红外线热成像仪
型号	Ti200
主要参数	①频率:2412～2462MHz; ②波长:650nm; ③激光最大输出功率:<1mW
实物图	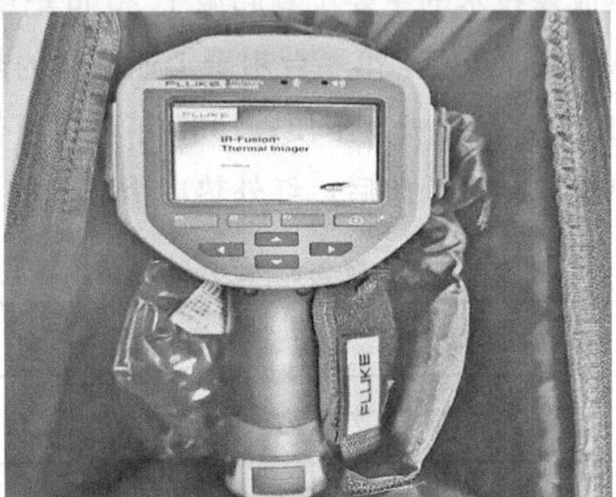

（2）使用范围

常用于电梯、起重机、大型游乐设施、客运索道等设备，检查温度异常的部位，也能通过温度数据定量分析设备技术状态的变化程度。

（3）操作方法及注意事项

① 设定参数。使用红外热成像仪之前，先要对参数进行设置，发射率的设定对测量拍摄的结果影响较大，为了保证精度，需要正确选择被测物体的发射率；此外还有温、湿度及距离等设置项，都要设置好。

② 调整焦距。使用红外热成像仪时，如果被测目标周围背景的温度过低或者过高，就会影响到目标温度测量的精准度，所以需要调整焦距或测量方位，来减少或消除这些影响。

③ 选择合适的距离。红外热成像仪存在最大检测距离，这个距离与被测目标的大小以及红外探测器性能有关，如果使用同一台红外热成像仪测量一个面积比较大的目标，那么可检测距离就远些，反之近些。

④ 拍摄记录数据。针对不同的检测对象选择不同的环境温度参照体，并记录环境参照温度。拍摄时，应至少拍摄两张图谱：一张包含同类两相或者三相设备，以便进行同类对比；另一张针对发热相在保证安全的前提下近距离拍摄，以求得真实的温度值。

（4）注意事项

① 保持仪器平稳。使用红外热成像仪时要注意保持仪器的平稳，按下存储键时，应注意不要过于晃动，以免成像模糊；如果觉得手持不稳的话，可以将仪器用三脚架支撑。

② 选择合适的检测环境。红外热成像仪应用的工作环境常常是在室外，容易受到天气因素的影响，可以根据环境特点提前进行适度调整，以保证测量数据的精确度；同时，应尽量选择无雨、无雾、没有阳光或夜间，无风或者风力小的环境，避开多余的反射。

③ 经过培训后再操作。红外热成像仪属于专业仪器设备，并不是随便就能上手的，建议由经过培训的专业人员进行操作，避免误操作。

第4章

环境检测仪器设备

机电类特种设备作为一种危险性较高的特种设备，其使用环境和设备本身的状态都对其正常运行和安全使用产生重要的影响。因此，对于特种设备环境的检查是非常必要的。

机电类特种设备使用的环境温度应当符合使用标准，一般情况下应在5～40℃之间，相对湿度不大于85％的环境中使用。对于防爆设备的使用环境要求则更为严格，应在相对湿度不大于70％的环境中使用。

国家标准对特种设备的噪声根据不同情况有具体要求。例如：《场（厂）内机动车辆安全检验技术要求》（GB/T 16178—2011）中规定：车辆设置的喇叭，其声级应在90～115dB(A) 范围内。

对于需要进行防爆检查的特种设备，其使用场所应当符合防爆要求，需检查环境是否存在易燃物品、是否存在爆炸危险等。

照度、风速对保障特种设备安全至关重要。对照度、风速的检测可有效保证环境安全。如：对于塔式起重机，强风可能导致起重机结构变形，影响其稳定性；其次，强风可能使起重机的吊装物体产生摆动，增加作业难度；最后，强风还可能引发起重机的倾覆、倒塌等严重事故。因此，需要及时监测风速并采取相应措施。

下面着重介绍温湿度计、噪声检测仪、可燃气体分析仪、测氧仪、照度计、风速仪等几个常用的环境检测仪器设备。

4.1 温湿度计

4.1.1 功能及种类

温湿度计（thermohygrometer）是一种用于测量环境温度和湿度的仪器，广泛应用于工业、农业、实验室、特种设备检验检测等多种场景。

温湿度计的种类主要包括以下几种。

（1）机械式温湿度计

温度测量：利用双金属片（热胀冷缩）或液体（如酒精、水银）的膨胀收缩原理。

湿度测量：使用毛发、尼龙膜等材料，随湿度变化伸缩带动指针转动。

（2）电子式温湿度计

温度测量：通过热敏电阻、热电偶或红外传感器将温度转化为电信号。

湿度测量：采用电容式或电阻式传感器，通过湿敏材料电学特性变化来测量湿度。

4.1.2 温湿度计的构造

温湿度计是一种专门用于监测和记录环境中温度和湿度变化的设备。其主要由温湿度传感器，数据采集、存储和显示单元组成。

① 温湿度传感器：温湿度记录仪内置了温湿度传感器，用于实时监测环境中的温度和湿度。传感器可以通过电阻、电容、电磁感应等方式感知环境中的温湿度信息，并将其转换为电信号。

② 数据采集单元：传感器采集到的温湿度信号通过模拟-数字转换器（ADC）转换为数字信号，然后传输至记录仪的微处理器中进行处理。微处理器通过对数字信号的分析和计算，得出环境中的实时温湿度数值。

③ 数据存储单元：记录仪通常配备了内置存储器或外部存储卡，用于存储温湿度数据。记录仪会定期将采集到的数据存储在存储器中，以备日后查阅和分析。

④ 数据显示单元：记录仪通常配备了液晶显示屏，用户可以通过显示屏实时查看环境中的温湿度数据。有些记录仪还可以通过无线连接技术将数据传输至手机或电脑上进行查看和分析。

⑤ 警报功能：有些温湿度记录仪还具备警报功能，当环境中的温度或湿度超出设定范围时，记录仪会发出声光警报，提醒用户及时采取措施。

总的来说，温湿度记录仪通过温湿度传感器感知环境中的温湿度信息，通过数据采集、存储和显示技术实现对温湿度数据的监测和记录。它在很多领域，如气象、农业、医疗、食品加工等都有着广泛的应用，帮助用户实时了解环境中的温湿度变化，确保环境条件符合要求。

4.1.3 使用实例

(1) 设备实例

设备名称	一体式温湿度计
型号	AS837
主要参数	①温度：−10～50℃； ②湿度：5.0%RH～98%RH(探头不可放入水中)； ③精确度：±1.5℃、±5%RH； ④取样频率：2.5 次/s； ⑤电源：9V 电池
实物图	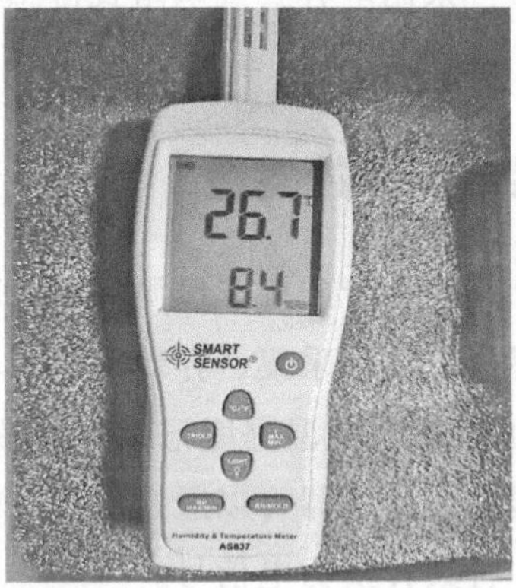

(2) 使用范围

用于特种设备检验检测环境现场温湿度的测量。

(3) 操作方法及注意事项

① 持续按电源开关直至打开仪器显示标识。

② 温度单位转换：按“℃/℉”键即可进行华氏度和摄氏度的转换。

③ 将仪表放置在待测环境里并保持适当的时间来稳定读数。

④ 读取相对湿度、气体温度、露点温度和湿球温度。

⑤ 数据保持：正常测量状态下，按“T/HOLD”键可锁定当前温度值，按“RH/HOLD”键则可锁定当前湿度值。

⑥ 温度超出测量范围则显示“OL”。

(4) 注意事项

① 不要将传感器直接暴露在阳光下。

② 不要触摸或操纵传感器。

③ 不要将传感器或仪表浸入液体中，该传感器仅限于在空气中使用。

④ 暴露在极端工作条件或化学蒸气中可能会影响仪表的精度甚至损坏仪表。

⑤ 当用此仪表测量化学蒸汽湿度时，化学物质在传感器中扩散导致仪表精度与灵敏度下降，可让仪表长时间放置在纯净环境中，慢慢恢复。

4.1.4 应用示例——电梯环境温湿度测量与要求

(1) 测量温湿度的作用

① 确保控制柜内的温湿度在允许范围内，避免电气元件受潮或过热。

② 温湿度计在特种设备检验检测中主要用于监测环境条件，确保检验和运行的温湿度符合标准要求。它能够为检验结果提供数据支持，并帮助判断设备的安全性和可靠性，确保检测结果的准确性。

(2) 相关标准对电梯环境温湿度的要求

① 井道和机器空间内的环境温度应保持在 5～40℃之间。

② 安装地点的空气相对湿度在最高温度为 40℃时不超过 50%，在较低温度下可有较高的相对湿度，如：最湿月的平均最低温度为 20℃时，该月的月平均最大相对湿度可达 90%。需要考虑湿度对电气设备的影响，包括凝露等问题，并应采取相应措施。

③ 应有措施确保轿厢内空气温度不高于 30℃。

④ 高温环境：在高温地区，电梯机房的温度可能超过 40℃，此时应采取有效的降温措施（如安装空调或通风设备）。

⑤ 低温环境：在低温地区，电梯机房的温度可能低于 5℃，此时应采取加热措施，防止设备受冷影响运行。

⑥ 高湿度环境：在高湿度地区，应采取除湿措施，防止控制柜和电气设备受潮。

4.2 噪声检测仪（声级计）

4.2.1 功能种类及构造

机电类特种设备运行中产生的噪声主要有机械性噪声、空气动力性噪声及电磁性噪声等。噪声是反映设备运行状态的重要指标和特征，测定噪声将为控制噪声、改进产品、检测设备运行状态、制定环保措施和法律等提供必要的依据。

声级计（sound level meter）是噪声测量中最基本的仪器。声级计一般由电容式传声器、前置放大器、衰减器、放大器、频率计权网络以及有效值指示表头等组成。声级计的工作原理是：由传声器将声音转换成电信号，再由前置放大器变换阻抗，使传声器与衰减器匹配；放大器将输出信号加到计权网络，对信号进行频率计权（或外接滤波器），然后经衰减器及放大器将信号放大到一定的幅值，送到有效值检波器（或外接电平记录仪），在指示表头上给出噪声声级的数值。

根据声级计整机灵敏度区分，声级计分为两类：一类是普通声级计，它对传声器要求不太高，动态范围和频响平直范围较狭，一般不配置带通滤波器联用；另一类是精密声级计，其传声器要求频响宽，灵敏度高，长期稳定性好，且能与各种带通滤波器配合使用，放大器输出可直接和电平记录器、录音机相连接，可将噪声信号显示或储存起来。如将精密声级计的传声器取下，换以输入转换器并接加速度计，它就可成为振动计作振动测量。

4.2.2 使用实例

(1) 设备实例

设备名称	声级计
型号	AWA5636
主要参数	①测量范围(1kHz)：30～130dB(A)； ②频率范围：20Hz～12.5kHz； ③频率计权：A、C、Z计权； ④时间计权：快、慢、脉冲； ⑤输出接口：PWM输出，交流，直流，RS-232，USB，蓝牙； ⑥外形尺寸：210mm×68mm×27mm； ⑦质量：240g

续表

实物图	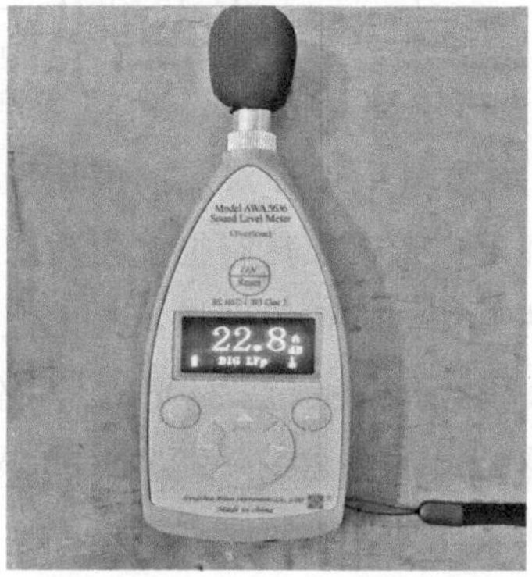

(2) 使用范围

用于电梯、场（厂）内专用机动车辆非稳态和稳态噪声、脉冲噪声的测量，测量范围为 30～130dB（A）。

(3) 操作方法及注意事项

① 检查电容传声器和前置放大器是否已安装好。

② 检查电池是否安装好，开机。

③ A 计权声压级测量。将声级计头部传声器指向被测声源，尽量使声波从声级计的参考方向入射到传声器。为减少人体对测量的影响，应使人尽量远离声级计，必要时可以加延伸电缆，它可以减少人体以及声级计外壳对测量的影响。打开电源后，仪器稳定几秒后，显示器上显示出的数据就是 A 计权声压级。

④ C 计权声压级测量。用光标键将光标移到“A”上，按参数加或减键，可以将“A”改为“C”，稳定几秒后，仪器显示出的数值就是 C 计权声压级。

⑤ 时间计权的选择。一般测量采用“F”（快），如果读数变化较大，可采用“S”（慢）时间计权。用光标键将光标移到“F”上，按参数加或减键，可以将“F”改为“S”，仪器的时间计权就改为慢挡了。

⑥ 测量完毕后，关闭电源。

4.2.3 相关知识——声音强弱等级

声音的强度定义为声压。计算声压级时采用 20μPa 为参考值。这个参考值大约对应于人类在最安静的环境中能够感知到的最低声音强度。声压是场量，因此使用声压计算声压级时使用下述公式：

$$L_p = 20\lg\left(\frac{P_{rms}}{P_{ref}}\right)\text{dB}$$

式中，L_p 为声压级（SPL）；P_{rms} 为声波的均方根压力；P_{ref} 为参考声压值，即 20μPa。在空气中 1Pa 对应的声压级为 94dB。在其他介质如水中，1μPa 更为常见。人耳对声音感知具有很大的动态范围。从短期暴露即会永久损害听力的声强到最静的人耳能听到的声强，其比值是 1 万亿（10^{12}）。以 10 为底，1 万亿的对数为 12，用分贝表示是 240dB。人的听力并不是对所有频率的敏感程度都相同，最敏感的频段是 20Hz～20kHz。人们以分贝为单位来表示声音强弱的等级。分贝自测表详见表 4-1。

表 4-1　分贝自测表

声压级	人的主观感受
0dB	刚能听到的声音
15dB 以下	感觉安静
30dB	耳语的音量大小
40dB	冰箱的“嗡嗡”声
60dB	正常交谈的声音
70dB	相当于走在闹市区
85dB	汽车穿梭的马路上
95dB	摩托车启动声音
100dB	装修电钻的声音
110dB	卡拉 OK、大声播放 MP3 的声音
120dB	飞机起飞时的声音
150dB	燃放烟花爆竹的声音

0dB 是人刚能听到的最微弱的声音；30～40dB 是较为理想的安静环境；70dB 会干扰谈话，影响工作效率；长期生活在 90dB 以上的噪声环境中，听力会受到严重影响并产生神经衰弱、头疼、高血压等疾病；如果突然暴露在高达 150dB 的噪声环境中，鼓膜会破裂出血，双耳完全失去听力。为了保护听力，声音不能超过 90dB；为了保证工作和学习，声音不能超过 70dB；为了保证休息和睡眠，声音不能超过 50dB。

在声学测量中，单纯的声音强度并不能完全反映人耳对声音的感知。这是因为人耳对不同频率的声音敏感度是不同的。例如，在 2～3kHz 范围内，人耳的敏感度较高，而在其他频率范围内则较低。因此，为了更准确地评估声音对人体的影响，声级测量需要采用计权的方式。声级计的 A 计权和 C 计权是根据人耳对不同频率声音的敏感度设计的，用于模拟人耳在不同情况下的听觉特性，以便更准确地评估噪声对人的影响。

A 计权网络模仿了人耳在 40 方等响曲线上的响应，即在中等音量水平下人耳对声音的感知。它对低频声音有较大的衰减，而对高频声音有较小的衰减。A 计权适用于大多数环境噪声测量，特别是在评估噪声对人的听力健康和整体舒适度的影响时。A 计权是最常用的计权方式，因为它最接近于人耳的实际听觉感受。

C 计权网络模仿了人耳在 100 方等响曲线上的响应，即在较高音量水平下人耳对声音的感知。相比 A 计权，C 计权对低频声音的衰减较少。C 计权适用于测量峰值噪声或高强度噪声，如工业噪声、交通噪声等。它也常用于测量娱乐场所的噪声，以确保不会超过安全限值。

Z 计权是一种平坦响应，不进行任何频率加权，即对所有频率的声音都同等对待。Z 计权主要用于科学研究和技术分析，尤其是在需要原始数据或进行详细的频谱分析时。此外，Z 计权也用于校准其他计权网络。

4.2.4 应用示例——电梯噪声测试

噪声声级值是评估电梯乘运质量优劣的重要参数。《电梯监督检验和定期检验规则》(TSG T7001—2023) 中规定，电梯噪声应按照以下方法测量，噪声包括机房噪声、轿厢内噪声、开关门噪声和无机房电梯层门处噪声。A 频率计权声级作为曳引驱动乘客电梯、载货电梯和曳引驱动消防员电梯监督检验的必检项目，电梯噪声防治得到越来越高的重视。轿厢内噪声、开关门噪声、无机房电梯层门处噪声需进行连续测量，机房噪声、扶梯运行噪声或扶梯环境噪声需进行点测，其值应符合表 4-2 的要求。

机房噪声：电梯以额定速度运行，声音测量传感器置于距地面高 1.5m、驱动主机 1.0m 处测试，测试点不少于 3 点，取平均值。

轿厢内噪声：电梯以额定速度全程上、下运行，声音测量传感器置于轿厢内中央、距地面高 1.5m 处测试，取最大值。

开关门噪声：声音测量传感器置于层（轿）门宽度的中央、距门 0.24m、距地面高 1.5m 处，测试开、关门过程中的噪声，取最大值。

无机房电梯层门处噪声：声音测量传感器置于驱动主机安装位置最近层站开

门宽度的中部并对着层门，在水平方向距门扇 0.5m，垂直方向距层站地面 1.5m 处测试，取出发端站门关闭后至到达端站门开启前，电梯全程上、下运行过程中以额定速度运行时的最大值。

表 4-2　电梯噪声的 A 频率计权声级表

<table>
<tr><th>额定速度</th><th>机房噪声</th><th>轿厢内噪声</th><th>开关门噪声</th><th>无机房电梯层门处噪声</th></tr>
<tr><td>$v \leqslant 2.5\text{m/s}$</td><td>≤80dB</td><td>≤55dB</td><td>≤65dB</td><td>≤65dB</td></tr>
<tr><td>$2.5\text{m/s} < v \leqslant 6.0\text{m/s}$</td><td>≤85dB</td><td>≤60dB</td><td>≤65dB</td><td rowspan="2">不超过制造单位的允许值。制造单位未规定的，按照额定速度为 2.5m/s 的电梯限值指标判定</td></tr>
<tr><td>$v > 6.0\text{m/s}$</td><td colspan="3">不超过制造单位的允许值。制造单位未规定的，按照额定速度为 6.0m/s 的电梯限值指标判定</td></tr>
</table>

4.3 可燃气体分析仪

4.3.1 功能及种类

可燃气体分析仪（combustible gas analyzer）能够实时监测环境中的可燃气体浓度，确保在危险浓度范围内及时报警，防止火灾和爆炸事故的发生。当进入工作现场，如检测到存在可燃气体，可先进行充分的通风，降低可燃气体浓度，使之达到标准值以下，防止其影响人身安全和健康。

气体分析仪是专门用于测量气体成分的仪器，常用的有热导式气体分析仪、电化学式气体分析仪和红外线吸收式气体分析仪等。

热导式气体分析仪：这种分析仪基于不同气体的热导率差异进行工作，通过测量气体流过加热丝时的热量传导变化来确定各组分含量。它适用于分析多种单一或混合气体中的惰性气体或特定气体。

电化学式气体分析仪：利用气体与电解质之间的化学反应产生的电流变化来测定气体浓度。常见的种类包括伽伐尼电池式和定电位电解式，前者通过隔膜对扩散到电解液中的被测气体进行电解，后者则通过测量加载到电极的电位来确定被测气体的电解电位。

红外线吸收式气体分析仪：利用不同气体成分对不同波长的红外射线的选择性吸收原理进行工作。它不仅可以分析气体组成，还可以分析溶液组成，广泛应用于工业、科研和环保等领域。

除此以外，还有其他种类的可燃气体分析仪，如：质谱分析仪、磁氧式气体分析仪、光谱分析仪、气相色谱仪等。

质谱分析仪：这是一种高级气体分析设备，利用不同离子在电场或磁场中运动轨迹的不同，将离子按质荷比分离而得到质量图谱，从而得到样品的定性定量结果。质谱分析仪有多种类型，如扫描磁扇式磁场质谱仪、四极质谱仪和飞行时间质谱仪等，适用于实验室分析、科研领域。

磁氧式气体分析仪：利用氧气对磁场敏感的特性，通过测量气体在磁场作用下所产生的磁化强度变化来测定氧气含量。它适用于钢铁冶炼、发电厂烟气排放监测等场合。

光谱分析仪：利用气体分子的特征吸收光谱或发射光谱进行分析，如紫外荧光法和激光吸收光谱法。便携式多气体光谱分析仪可用于现场环境空气污染物检测。

气相色谱仪：通过载气携带样品气体通过色谱柱，不同组分因与固定相相互作用力的差异而在色谱柱中表现出不同的保留时间和峰面积，从而得以定性定量分析。高端设备如 GC-MS（气相色谱-质谱联用仪）可用于痕量有机化合物的分析。

这些气体分析仪广泛应用于工业生产、环境监测、科研实验及安全检测等多个领域，满足不同行业和场景的特定需求。

4.3.2 工作原理

(1) 热导式气体分析仪

这是一种物理类的气体分析仪表。它根据不同气体具有不同热传导能力的原理，通过测定混合气体热导率来推算其中某些组分的含量。这种分析仪表简单可靠，适用的气体种类较多，是一种基本的分析仪表。但直接测量气体的热导率比较困难，所以实际上常把气体热导率的变化转换为电阻的变化，再用电桥来测定。热导式气体分析仪的热敏元件主要有半导体敏感元件和金属电阻丝两类。半导体敏感元件体积小、热惯性小，电阻温度系数大，所以灵敏度高，时间滞后小。在铂线圈上烧结珠形金属氧化物作为敏感元件，再在内电阻、发热量均相等的同样铂线圈上烧结对气体无反应的材料作为补偿用元件。这两种元件作为两臂构成电桥电路，即测量回路。半导体金属氧化物敏感元件吸附被测气体时，电导率和热导率即发生变化，元件的散热状态也随之变化。元件温度变化使铂线圈的电阻变化，电桥遂有一不平衡电压输出，据此可检测气体的浓度。热导式气体分析仪的应用范围很广，除通常用来分析氢气、氨气、二氧化碳、二氧化硫和低浓度可燃性气体含量外，还可作为色谱分析仪中的检测器用以分析其他成分。

(2) 电化学式气体分析仪

电化学式气体分析仪根据化学反应所引起的离子量的变化或电流的变化来测量气体的成分。为了提高选择性，防止测量电极表面沾污和保持电解液性能，分析仪一般采用隔膜结构。常用的电化学式分析仪有定电位电解式和伽伐尼电池式两种。定电位电解式分析仪的工作原理是在电极上施加特定电位，被测气体在电极表面产生电解作用，只要测量加在电极上的电位，即可确定被测气体特有的电解电位，从而使仪表具有选择识别被测气体的能力。伽伐尼电池式分析仪是将透过隔膜扩散到电解液中的被测气体电解，测量所形成的电解电流，确定被测气体的浓度。选择不同的电极材料和电解液来改变电极表面的内部电压，可以实现对具有不同电解电位的气体的选择。

(3) 红外线吸收式气体分析仪

红外线吸收式气体分析仪是根据不同组分气体对不同波长的红外线具有选择性吸收的特性而工作的分析仪表。测量吸收光谱可判别出气体的种类，测量吸收强度可确定被测气体的浓度。红外线分析仪的使用范围宽，不仅可以分析气体成分，还可以分析溶液成分，且灵敏度较高，反应迅速，能在线连续指示，也可组成调节系统。工业上常用的红外线气体分析仪的检测部分由两个并列的结构相同的光学系统组成，一个是测量室，一个是参比室。两室通过切光板以一定周期同时或交替开闭光路。在测量室中导入被测气体后，具有被测气体特有波长的光被吸收，从而使透过测量室这一光路而进入红外线接收气室的光通量减少。气体浓度越高，进入红外线接收气室的光通量就越少；而透过参比室的光通量是一定的，进入红外线接收气室的光通量也一定。因此，被测气体浓度越高，透过测量室和参比室的光通量差值就越大。这个光通量差值是以一定周期振动的振幅投射到红外线接收气室的。接收气室用几微米厚的金属薄膜分隔为两半部，室内封有浓度较大的被测组分气体，在吸收波长范围内能将射入的红外线全部吸收，从而使脉动的光通量变为温度的周期变化，再根据气态方程使温度的变化转换为压力的变化，然后用电容式传感器来检测，经过放大处理后指示出被测气体浓度。除用电容式传感器外，也可用直接检测红外线的量子式红外线传感器，并采用红外干涉滤光片进行波长选择和配以可调激光器作光源，形成一种崭新的全固体式红外气体分析仪。这种分析仪只用一个光源、一个测量室、一个红外线传感器就能完成气体浓度的测量。此外，若采用装有多个不同波长的滤光盘，则能同时分别测定多组分气体中的各种气体的浓度。

4.3.3 使用实例

（1）设备实例

设备名称	手提式气体分析仪
型号	HRXCC-1
主要参数	①检测气体：有毒气体、氧气、二氧化碳、易燃易爆气体、TVOC（总挥发性有机物）等； ②检测范围：0～100000mg/L、100mg/L、100％LEL（爆炸下限）、0～100％Vol； ③允许误差：≤±2％FS； ④通信接口：USB或RS-232、红外通信； ⑤数据存储：标配 10^5 条； ⑥防护等级：IP66； ⑦防爆标志：Exia Ⅱ CT4Ga
实物图	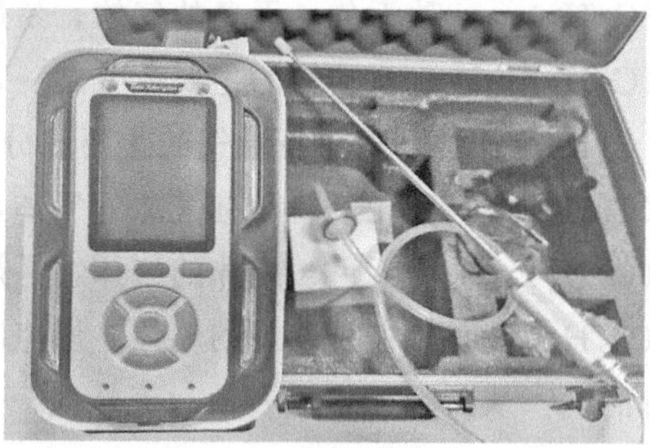

（2）使用范围

用于检测防爆环境、电梯底坑等受限空间、大气环境中的有毒、有害气体的浓度，预防泄漏或爆炸。

（3）操作方法及注意事项

① 开关机。长按5s电源键开机，并使设备自检及传感器预热3min。开机状态下长按5s电源键关机。

② 参数设置和恢复。开机后应进行参数设置和校准，当设置错误或测试浓度不准确时需要进行恢复出厂设置的操作，若因人为操作失误导致参数设置错误，可通过恢复出厂设置修正。恢复出厂参数包括：零点校准值、浓度校准值、报警值、报警方式、报警模式、最大量程。

③ 将仪器置于被测环境中，进行可燃气体含量的测定（注：如就绪指示灯熄灭或电池电量低，应立即更换电池，低电量会影响仪器的安全可靠性）。

④ 进行传感器标定，通入氮气或标准气体时，从气瓶里出来的气体不能用软管直接连接到仪器，必须接入一个三通分流器，在保证气量≥500mL/min 的同时，多余的气体能从三通的旁路排走，避免传感器的气室内部压力大于正常值。

4.3.4 相关知识——可燃气体

可燃气体是指在一定条件下能与空气中的氧气发生燃烧反应，并释放大量热量的气体。这类气体广泛应用于能源、工业和日常生活中，但若使用不当可能引发火灾或爆炸。以下是一些常见的可燃气体。

氢气（H_2）：一种极易燃烧的气体，燃烧时放出大量的热。

一氧化碳（CO）：一种无色、无味、无刺激性的气体，易燃易爆。

甲烷（CH_4）：天然气的主要成分，是一种可燃性气体。

乙烷（C_2H_6）：一种无色、无臭的气体，易燃易爆。

丙烷（C_3H_8）：液化石油气的主要成分之一，易燃易爆。

丁烷（C_4H_{10}）：也是液化石油气的主要成分之一，易燃易爆。

乙烯（C_2H_4）：一种无色、稍有气味的气体，易燃易爆。

丙烯（C_3H_6）：一种无色、无味的气体，易燃易爆。

乙炔（C_2H_2）：一种极易燃烧的气体，燃烧时放出大量的热。

液化石油气：从石油加工或石油、天然气开采过程中得来，主要成分包括丙烷、丙烯、丁烷和丁烯。

天然气：古生物遗骸长期沉积于地下转化及变质裂解而产生的气态碳氢化合物，主要成分为甲烷。

瓦斯：主要成分也是甲烷，是一种可燃性气体。

煤气：主要成分包括 CO、H_2 和烷烃、烯烃、芳烃等。

沼气：有机物在隔绝空气和一定的温度、湿度、酸碱度等条件下，经过沼气细菌的作用产生的一种可燃气体，主要成分包括甲烷和二氧化碳。

这些可燃气体在相应的助燃介质中，按照一定的比例混合，在点火源作用下，能够引起燃烧或爆炸。因此，在使用和储存这些可燃气体时，需要严格遵守安全规定，确保操作环境的安全。

可燃性物质与空气混合形成可以燃烧后爆炸的物质，称为爆炸性混合物。混合物中爆炸性物质含量称为浓度，用克/米^3（g/m^3）或者体积分数（%）表示。爆炸性混合物能被引燃发生爆炸的最低浓度称为爆炸下限，能被引燃发生爆炸的最高浓度称为爆炸上限，爆炸极限就是能引起爆炸性混合物燃烧爆炸的浓度范围。例如氢气的爆炸极限是4.0%～75.6%，在该范围内遇火就会发生爆炸，如果低于4.0%或者高于75.6%都不会爆炸。这是因为当混合物浓度低于爆炸下限时，因含有过量的空气，空气的冷却作用会阻止火焰的蔓延而不能引爆。当混合物浓度高于爆炸上限时，空气非常不足，火焰也不能传播。所以当浓度在爆炸范围以外时，混合物就不会爆炸。爆炸下限越低，或爆炸极限范围越大，爆炸危险性就越大。几种常见的可燃性气体或蒸气的爆炸界限见表4-3。

表4-3 几种常见的可燃性气体或蒸气的爆炸界限表

气体名称	爆炸上限/%	爆炸下限/%
氢气	75.6	4.0
一氧化碳	74.2	12.5
甲烷	15	5.0
乙烷	16	3.0
丙烷	9.5	2.1
丁烷	8.5	1.5
乙烯	34	2.7
丙烯	11.1	2.0
乙炔	82	1.5
天然气	15	5.0

4.4 测氧仪

4.4.1 功能及种类

监测受限空间的氧气含量是很重要的，测氧仪（oxygen meter）就是一种用于测量氧气含量的设备。按照功能特点，测氧仪主要分为便携式测氧仪、固定式测氧仪、多功能测氧仪等。便携式测氧仪适合现场快速检测；多功能测氧仪可同时检测二氧化碳、温湿度等参数。按照技术原理可以将其分为电化学测氧仪、光学测氧仪和顺磁式氧分析仪。

4.4.2 工作原理及特点

(1) 电化学测氧仪

利用氧气在电极表面的还原-氧化反应产生电流。其过程是环境中的氧气通过透气膜扩散至传感器内部，与电解液接触，氧气在工作电极和对应电极表面发生氧化还原反应。反应过程中，电子从阳极流向阴极，形成电流。氧气浓度越高，扩散至电极的 O_2 分子越多，电流大小与氧气浓度成正比。传感器输出的微弱电流经放大器放大后，由电路转换为电压信号，再通过校准算法计算氧气浓度值，最终显示在屏幕上。电化学测氧仪传感材料和制造工艺相对简单，设备价格低，电化学反应所需能量较低，通常采用小型电池即可长时间工作，适合手持式或便携设备，操作简单、响应时间快。

(2) 光学测氧仪

利用氧气对特定波长光的吸收特性，通过测量光通过气体的衰减程度，计算氧气浓度（朗伯-比尔定律）。其工作流程为红外光源发射光穿过待测气体，探测器检测投射光强度，并与参比光路对比，根据吸光度计算氧气浓度。光学测氧仪无须更换电解液且膜维护成本低，不受 H_2S、CO 等气体的干扰，抗干扰性强，耐腐蚀、耐高压。

(3) 顺磁式氧分析仪

顺磁式氧分析仪的原理是利用烟气组分中氧气的磁化率特别高这一物理特性来测定烟气中含氧量的。氧气为顺磁性气体（气体能被磁场所吸引的称为顺磁性气体），在不均匀磁场中受到吸引而流向磁场较强处。在该处设有加热丝，使此处氧的温度升高而磁化率下降，因而磁场吸引力减小，受后面磁化率较高的未被加热的氧气分子推挤而排出磁场，由此造成“热磁对流”或“磁风”现象。在一定的气样压力、温度和流量下，通过测量磁风大小就可测得气样中氧气含量。由于热敏元件（铂丝）既作为不平衡电桥的两个桥臂电阻，又作为加热电阻丝，在磁风的作用下出现温度梯度，即进气侧桥臂的温度低于出气侧桥臂的温度。不平衡电桥将随着气样中氧气含量的不同，输出相应的电压值。顺磁式氧分析仪具有结构简单、便于制造和调整等优点。

4.4.3 使用实例

(1) 设备实例

设备名称	测氧仪
型号	H-CYY1 型
主要参数	①流量范围：0～500mL/min； ②通信接口：USB； ③数据存储：标配 10 万条

续表

<table>
<tr><td>实物图</td><td>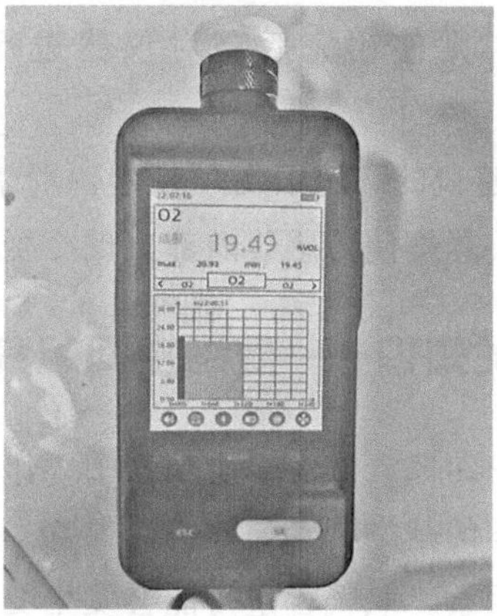</td></tr>
</table>

(2) 使用范围

主要用来测定环境中氧气的含量。

(3) 操作方法及注意事项

① 长按仪器右侧“电源”键开启仪器，显示屏点亮时，松开“电源”键，等待预热完成。

② 开机后的仪器自动显示为数据模式，在数据模式时按“OK”键可以切换为曲线模式，在曲线模式时按“Esc”键可返回到数据模式。

③ 进入“零点校准”菜单后，使用“<”“>”键选择气体通道，待浓度值数据稳定后按一下“OK”键，即可完成零点校准。

④ 当仪器检测到任意气体浓度超过或低于设定的报警值时，仪器即启动报警，蜂鸣器连续“哔-哔”响，探照灯区 LED 灯闪烁，频率为 1Hz；同时，显示屏中，报警气体通道的浓度数据的颜色会改变，黄色表示该通道为低报警，红色表示该通道为高报警。

⑤ 使用完毕后，长按仪器右侧“电源”键，显示屏显示“仪器关闭倒计时”界面，长按 3s 不放，显示屏关闭，此时仪器进入休眠关机状态。

(4) 注意事项

① 严禁在危险区域给仪表充电，严禁在危险场所拆卸、充电或更换电池。

② 充电时必须关机，在充电、导出数据期间不得操作仪器。

③ 使用时，必须确保传感器的进气口保持干净。

④ 仪器遭受物理撞击或者高污染后，要缩短快速标定周期。

⑤ 严禁长时间在高浓度可燃气体的环境下使用，以免损坏可燃气传感器，如果必须使用，则使用完后需对仪器进行检测和标定，以免影响仪器检测精度。

⑥ 严禁在富氧的环境下使用仪器，严禁将红外传感器暴露于硫化氢等腐蚀性气体环境中，严禁使传感器内部出现冷凝现象。

4.4.4 相关知识——受限空间氧气含量

受限空间中的氧气含量对于在其中工作的人员的健康和安全至关重要。氧气是人体正常运作的基本要素，我们需要它来呼吸以维持生命。在受限空间中，由于工作或环境因素，氧气含量可能会发生变化，这可能导致人员窒息、中毒或其他健康问题。

为了确保人员的健康和安全，受限空间中的氧气含量必须维持在一个适当的水平。根据国际标准，一般认为氧气含量在19.5%～23.5%之间是适宜的。这个范围被称为“氧气安全浓度范围”。当氧气浓度低于19%时，可能会导致人员窒息；而当氧气浓度高于23.5%时，可能会导致人员出现氧中毒。

同时，也应该定期进行安全检查，以确保受限空间内的氧气含量在适宜的范围内。如果发现氧气含量过高或过低，应立即采取行动，例如通风、疏散人员等。

4.5 照度计

4.5.1 功能及种类

照度计（lux meter）的主要功能包括测量光照强度、光通量和照度值，并通过显示屏或读数器展示测量结果。照度计通常采用光电池、光敏二极管或硅光电池等导电光敏元件来实现测量。

照度计根据显示方式、功能、工作原理可分为以下几类。

① 模拟式照度计：使用指针表盘显示测量结果，结构简单，成本低。

② 数字照度计：通过显示屏以数字形式显示测量结果，具有存储、传输和处理数据的功能，准确性和灵敏度较高。

③ 便携式照度计：小巧轻便，便于携带和操作，适用于临时或移动场合的

测量。

④ 多功能照度计：除了测量照度值，还可以测量其他光学参数，如颜色温度、色彩和光谱等。

⑤ 光电式照度计：使用光电传感器（如光敏电阻、光电二极管或光电晶体管）将光信号转换为电信号，响应速度快，测量精度高，广泛用于实验室、工业和日常测量。

⑥ 热电式照度计：利用热电偶或热电堆吸收光能并将其转换为热能，再通过热电效应测量光照强度，适用于高亮度和高温环境。

4.5.2 工作原理

光电式照度计基于光电池所产生的光电流与落入光电池表面上的光通量成正比的原理，从而实现照度值的测量。光电池是一种能够将光能直接转换为电能的光电元件。当光线照射到硒光电池的表面时，入射光透过金属薄膜进入半导体硒层，在金属薄膜与半导体硒层的分界面处发生光电效应，从而产生电位差。这个电位差的大小与光电池受光表面的照度成一定比例。当外电路接通时，电流会通过，其值可以从以勒克斯（lx）为刻度的微安表上读出。需要注意的是，光电流的大小不仅取决于入射光的强度，还与回路中的电阻有关。

热电式照度计的工作原理基于热电效应，将光能转换为热能，再通过热电效应测量光照强度。光源照射到吸收层上，光能被吸收并转化为热能。吸收层的热能传递到热电传感器，在热电传感器两端产生温差。热电传感器根据温差产生相应的电信号（如电压），信号处理电路对电信号进行放大和校准，最终结果通过显示器显示为光照强度值。热电效应是指将热量直接转换为电能的现象，常用的热电材料包括热电偶和热电堆。

4.5.3 使用实例

（1）设备实例

设备名称	照度计
型号	Tes-1330A
主要参数	①量程：20、200、2000、20000lx； ②测量速率：2 次/s； ③最大分辨率：0.01lx

续表

实物图	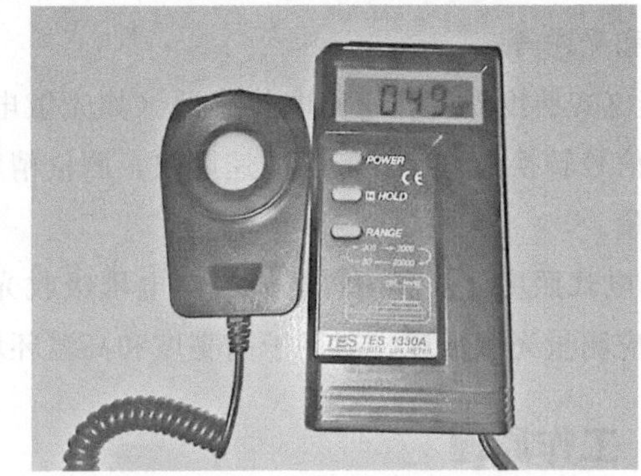

(2) 使用范围

用于电梯、起重机械等设备的使用环境的照度测量，如电梯机房、地下机械式停车设备。

(3) 操作方法及注意事项

① 打开电源开关，选择量程，将测量探头垂直对向光源，此时显示屏读取数据。

② 按“H”键可保持测量记录，再次按“H”键取消保持模式，进入正常测量状态。

③ 测量结束后将探头壳盖好，将电源关闭。

4.5.4 相关知识——电梯照度要求

为了确保电梯乘客和工作人员的安全与舒适，在设计、安装和维护电梯照明时，按照《电梯技术条件》(GB/T 10058—2023)、电梯制造与安装安全相关规范标准，确保每个区域的照度都满足要求。通过合理选择光源、优化照明布局和定期检测，可以有效提高电梯的运行安全性和用户体验。具体的照度要求如下。

① 轿顶垂直投影范围内轿顶以上 1.0m 处的照度至少为 50lx。

② 底坑地面人员可以站立、工作的和（或）工作区域之间移动的任何地方，地面以上 1.0m 处的照度至少为 50lx。

③ 除了②区域之外，井道其他区域的照度至少为 20lx（轿厢和部件形成的阴影除外）。

④ 机器空间和滑轮间应设置永久安装的电气照明，人员需要工作的任何地方的地面照度至少为200lx。

⑤ 在机器空间工作区域之外，供人员移动的地面的照度至少为50lx。

⑥ 进入井道、机器空间和滑轮间的任何或活板门邻近的通道照度至少为50lx。

⑦ 紧急和测试操作屏上的紧急和测试操作装置的照度不应小于200lx。

⑧ 层站附近，层站上的自然照明或人工照明在地面上照度不应小于50lx。

⑨ 轿厢控制装置上和轿厢地板以上1.0m，且距轿壁至少100mm的任何一点的照度不小于100lx。

⑩ 紧急电源供电的应急照明照度至少为5lx（且持续1h）。

⑪ 自动扶梯梯级（运行区域），照度不应小于100lx。

⑫ 自动扶梯出入口（上、下端部），照度不应小于150lx。

⑬ 自动扶梯周围区域（包括候梯区）照度不应小于200lx。

4.6 风速仪

4.6.1 功能及种类

风速仪（anemometer）是一种用于测量风速和风向的仪器，广泛应用于气象、环境监测、工业、航空航天、建筑、农业和特种设备等领域。风速仪的主要功能是测量空气流速和方向，通过记录一段时间内的风速变化，计算平均风速和风向，监测风速、风向、风力等级等。在建筑工地、塔吊、大型游乐设施等高空作业中，用风速仪监测风速，以确保作业安全。

风速仪有多种类型，每种类型都有其独特的工作原理和应用场景，按照工作原理可以分为风杯风速计、热线风速计、超声波风速仪和压差式风速仪（皮托管）。

4.6.2 工作原理

风速仪的工作原理主要包括以下几种类型。

① 风杯风速计：这是气象台站最常用的风速计之一。它由三个互成120°的抛物锥空杯组成感应部分，安装在垂直旋转轴上。在风力的作用下，空杯绕轴旋转，旋转速度与风速成正比。这种风速计结构简单，适用于野外测量。

② 热线风速计：这种风速计利用加热物体的散热率与风速相关的原理工作。将一根通电加热的细金属丝（热线）置于气流中，热线的散热量与流速有关，导致热线温度变化，进而影响电阻变化，最终将流速信号转变为电信号。热线风速计具有体积小、响应快、能测量非定常流速等优点。

③ 超声波风速仪：其工作原理基于超声波在空气中的传播速度和时间差。通过测量声波在空气中的传播速度和时间差，推算出风速和风向。这种方法不受气流温度和湿度的影响，适用于各种环境条件下的测量。

④ 压差式风速仪：也称为皮托管（Pitot tube），是一种利用流体动力学原理测量风速或气流速度的仪器。其工作原理基于伯努利方程（Bernoulli′s principle），通过测量气流的总压和静压之间的压差来计算风速。总压与静压的差值即为动压，其大小与气流速度相关。

4.6.3 使用实例

(1) 设备实例

设备名称	手持式风速仪
型号	ZCF-5
主要参数	①测量范围：0～30m/s； ②风速传感器启动风速：0.8m/s； ③测量精度：±(0.3+0.03×V)m/s(V为实际风速)； ④显示分辨率：0.1m/s(风速)、1级(风级)、0.1m(浪高)； ⑤风向测量范围：0°～360° 16个方位
实物图	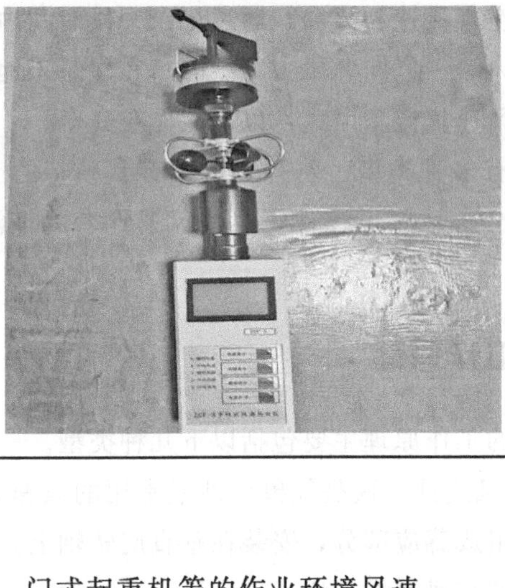

(2) 使用范围

用来测定室外塔式起重机、门式起重机等的作业环境风速。

(3) 设备特点

① 风向部分。风向部分由保护风杯的护圈所支撑，由风向标、风向轴及风向度盘等组成，装在风向度盘上的磁棒与风向度盘组成磁罗盘，用来确定风向方位。风向度盘外壳下方具有锁定旋钮，当下拉锁定旋钮并向右旋转定位时，回弹顶杆将风向度盘放下，使锥形宝石轴承与轴尖接触，此时风向度盘将自动定北，风向示值由风向指针在风向度盘上的稳定位置来确定。当左旋转锁定旋钮并使其向上回弹复位时，回弹顶杆将风向度盘顶起并定位在仪器上部，使锥形宝石轴承与轴尖分离，以保护风向度盘及轴承与轴尖不受破坏。

② 风速部分。风速的传感器采用的是传统的三杯旋转架结构。它将风速线性地变换成旋转架的转速。为了减少启动风速，采用特制的轻质风杯，用宝石轴承支撑。在旋转架的轴上固定有一个齿状的叶片，当旋转架随风旋转时，轴带动着叶片旋转，齿状叶片在光电开关的光路中不断切割光束，从而将风速线性地变换成光电开关的输出脉冲频率。

仪器内的单片机对风传感器的输出频率进行采样、计算，随后仪器输出瞬时风速、一分钟平均风速、瞬时风级、一分钟平均风级、平均风级对应的浪高。测得的参数在仪器的液晶显示器上用数字直接显示出来。

为了减少仪器的功耗，仪器中的传感器和单片机都采取了一些降低功耗的专门措施。

为了保证数据的可靠性，仪器中还带有电源电压检测电路。当电源电压太低时，仪器显示器下部电池标记显示缺电，提示用户电源电压太低，数据已不可靠，需要及时更换电池。

仪器内还设计有电源控制电路，用电路来替代机械开关控制仪器的投断电。

(4) 操作方法及注意事项

① 风向测量部分。在观测前应先检查风向部分是否垂直牢固地连接在风向风速仪风杯的护架上，下拉锁定旋钮并向右转定位，回弹顶杆将风向度盘放下，使锥形宝石轴承与轴尖接触。观测时应在风向指针稳定时读取方位读数。

观测后为了保护锥形宝石轴承与轴尖，应及时左旋转锁定旋钮并使其向上回弹复位，使回弹顶杆将风向度盘顶起并定位在仪器上部，从而使锥形宝石轴承与轴尖分离。观测时应在风向指针稳定时读取方位读数。

② 风速测量部分。确认仪器内已经装上电池，本仪器采用的是 3 节 5＃ 1.5V 干电池。注意不要采用普通的可充电电池，它的输出电压只有 1.2V，电压不够。打开仪器的后盖板，将 3 节 5＃ 1.5V 干电池装入电池架内（注意电池的

极性一定要正确，看准后再将电池装入）。电池装入后，仪器可能处于通电状态，也可能处于断电状态，这时可用面板上的电源开关，来控制仪器的投断电。

仪器运行时，同时测量瞬时风速、瞬时风级、平均风速、平均风级、对应浪高这 5 个参数。显示参数由风速键和风级键切换，每按一次风速键显示参数就在瞬时风速和平均风速之间切换，每按一次风级键显示参数就在瞬时风级、平均风级、对应浪高之间切换。

平均风速、平均风级、对应浪高需要 1min 的采样时间，所以在通电后 1min 内，或锁存撤销后 1min 内，不能得到正确的平均值。此时显示器上无显示，表示这些参数无效，一直要等到采样时间大于 1min 后，显示器才显示有效的参数值。

锁存按键可以使仪器在测量与锁存状态之间切换。在测量状态时按一下锁存键，仪器进入锁存状态，显示器左下方显示“数据锁存”，并将当前数据锁存在显示器上，测量值锁存后不再随被测量参数变化。在锁存状态时按一下锁存键，锁存标志“数据锁存”消失，表示仪器回到测量状态。

4.6.4 相关知识——风级

风力等级（wind scale）简称风级，是风强度（风力）的一种表示方法。风力是指风吹到物体上所表现出的力量的大小。一般根据风吹到地面或水面的物体上所产生的各种现象，把风力大小分为 13 个等级，最小是 0 级，最大为 12 级。根据现行 GB/T 28591—2012《风力等级》国家标准，依据标准气象观测场 10m 高度处的风速大小，将风力等级依次划分为 18 个等级，表达风速的常用单位有三个，分别为 nmile/h、m/s、km/h，中国台风预报时常用单位为 m/s。其中 1～12 级风速如表 4-4 所示。

表 4-4　1～12 级风速对照表

等级	名称	风速
1 级	软风	0.3～1.5m/s
2 级	轻风	1.6～3.3m/s
3 级	微风	3.4～5.4m/s
4 级	和风	5.5～7.9m/s
5 级	清劲风	8.0～10.7m/s
6 级	强风	10.8～13.8m/s
7 级	疾风	13.9～17.1m/s

续表

等级	名称	风速
8 级	大风	17.2～20.7m/s
9 级	烈风	20.8～24.4m/s
10 级	狂风	24.5～28.4m/s
11 级	暴风	28.5～32.6m/s
12 级	台风	32.7～36.9m/s

第5章 检验检测专用仪器设备

为了满足机电类特种设备检验检测的普遍要求，有许多专用的检验检测仪器不断被开发出来，广泛地应用在检验检测的工作中。如：电梯限速器测试仪是根据电梯安全检测的普遍要求而研发的便携式现场测试仪器，适用于电梯限速器的现场测试，同时也适用于电梯及限速器生产厂家在线使用。其他的一些仪器还包括电梯平衡系数测试仪、电梯振动分析仪、吊索具探伤仪、场（厂）车转向参数测试仪、场（厂）车踏板/手刹力计、便携式制动性能测试仪等。

5.1 电梯限速器动作测试仪

5.1.1 功能及原理构造

限速器是电梯系统中一个重要的安全保护装置，当电梯处于超速、控制失灵、曳引力不足、制动器失灵、制动力不足或者超载、钢丝绳断裂等情况下，能与安全钳等其他装置一起使电梯轿厢制停。限速器的测试是确保其性能可靠的重要环节，作为下行超速保护或上行超速保护的速度检测元件，其动作速度是否可靠，直接关系到电梯的安全性能。

电梯限速器动作测试仪（elevator speed governor action tester）是测量电梯限速器运行指标的专用设备。具有驱动和速度一体化功能。一般来说，限速器校验仪主要由三个功能部分组成。

① 驱动元件：通过加速电机，利用摩擦力驱动限速器轮转动并逐渐加速。

② 测速元件：检测限速器轮的实时速度值。值得注意的是，不同的厂家的限速器校验仪的测速方式不一样。如有的是采用霍尔传感器测速，有的是采用类似速度计（接触式）的测速装置。

③ 记录元件：记录上/下行电气动作和机械动作时的瞬时速度值，如光敏打印机。

5.1.2 使用实例

(1) 设备实例

设备名称	限速器动作速度测试仪
型号	HB-5
主要参数	①电气动作速度测量范围：0～4m/s； ②机械动作速度测量范围：0～4m/s； ③测量精度：1%
实物图	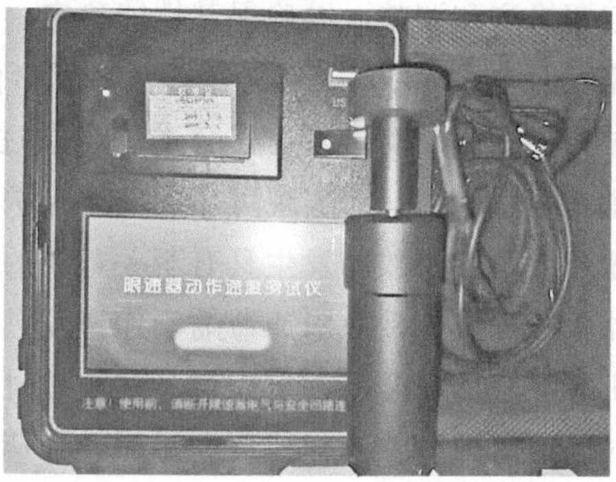

(2) 使用范围

用于对电梯限速器动作速度进行检测校验。

(3) 操作方法及注意事项

① 测量准备。如在现场测试时由于限速器上装有钢丝绳，故测试前将钢丝绳从限速器上取下（可用大力钳或专用工具配合使用）。如果所测试限速器含有电气开关且需要检测，将相应的电气触点开关连接线的一头插到控制部分主面板机械触点插座上，将另一头两根导线分别连接到电触点开关发生动作的两极上。

② 测试。开机，待系统启动后进入开机界面，显示仪器名称、型号、电梯编号、时间等服务信息，根据实际情况输入信息，便于测试数据存档。

③ 量出限速器轮盘上的节圆直径，将“节圆直径”“额定速度”“限速器类型”录入“参数录入界面”。

④ 进入“电机参数”界面可调整电机调速参数，如无特殊需要，无需调整参数。

⑤ 进入“测量界面”，点击“开始”，驱动电机转动，测量开始，同时按键跳转为“结束”，再次点击此按键，电机将停止运转。用户可通过选择“正/反转”实现限速器上下行各项指标的测试。

⑥ 测量时将电机轴上的胶轮紧紧地靠在限速器轮盘的凹槽或边缘上，电机带动限速器加速转动，速度值出现在测量界面的相应位置。

⑦ 利用“翻页”键可对测量保存数据页进行切换，单次测量最多可保存 20 组数据。“打印”键可打印当前流水号的测量结果。

5.1.3 相关知识——限速器合格判定标准

电梯限速器是电梯的一个重要安全部件，电梯限速器校验是对电梯限速器进行的一种定期检测和调整，以确保其性能稳定、安全可靠。当电梯运行速度至少等于额定速度的 115%时，限速器能够及时发出信号，切断供电电路，使曳引机制动。若电梯仍无法制动，限速器会进一步通过限速器钢丝绳带动安全钳动作，把轿厢夹紧在导轨上，从而实现可靠的安全保护。因此，限速器的正常工作对于防止电梯超速或坠落事故的发生具有至关重要的作用。

限速器校验主要包括对限速器的动作速度进行测试，验证电梯超速保护系统的电气和机械装置的安全性和可靠性。在校验过程中，专业人员会使用专门的测试仪器，对限速器的开关动作速度和机械动作速度进行实时判别和记录，通过校验，可以及时发现限速器存在的问题，如弹簧整定动作速度改变、转动部件缺油等，从而进行相应的维修和调整，确保限速器处于良好的工作状态。

限速器动作速度值的合格判定要根据国家相关标准规定：操纵轿厢安全钳的限速器的动作应发生在速度至少等于额定速度的 115%，但应小于下列各值：

① 对于除了不可脱落滚柱式以外的瞬时式安全钳为 0.8m/s；

② 对于不可脱落的滚柱式瞬时式安全钳为 1m/s；

③ 对于额定速度小于或等于 1m/s 的渐进式安全钳为 1.5m/s；

④ 对于额定速度大于 1m/s 的渐进式安全钳为 $1.25v+0.25/v$(m/s)，v 是电梯速度。

注：对于额定速度大于 1m/s 的电梯，建议选用接近④规定的动作速度值；常见速度值下的电梯限速器动作速度范围见表 5-1。

表 5-1　常见速度值下的电梯限速器动作速度范围

安全钳形式	额定速度/(m/s)	动作速度范围/(m/s)
瞬时式(非不可脱落滚柱式)	0.50	0.58～0.80
瞬时式(不可脱落滚柱式)	0.50	0.58～1.00
渐进式	0.50	0.58～1.50
渐进式	1.00	1.15～1.50
渐进式	1.50	1.73～2.04
渐进式	1.60	1.84～2.16
渐进式	1.75	2.01～2.33
渐进式	2.00	2.30～2.63
渐进式	2.50	2.88～3.23
渐进式	3.00	3.45～3.83

要注意的是，对重侧限速器动作速度应大于轿厢安全钳动作速度且小于等于1.1倍的轿厢安全钳动作速度。

5.2 电梯平衡系数测试仪

5.2.1 平衡系数检测仪的功能及类型

平衡系数作为电梯的一个重要参数，其数值的合理性不仅直接影响电梯运行的舒适性和安全性，还对电梯的使用寿命产生重要影响。如果平衡系数过小（小于40%），电梯轿厢会倾向于重的一侧倾斜，导致不平衡和运行问题；如果平衡系数过大（大于50%），会增加电梯的整体重量和能耗。因此，在电梯设计和维护过程中，需要合理计算和调整平衡系数，以确保电梯的平衡和安全运行。

电梯平衡系数是指电梯轿厢和对重之间的比例关系，用于保持电梯的平衡运行。平衡系数的计算公式为：

$$q=(W-P)/Q \tag{5-1}$$

式中，Q 为电梯的额定载荷，kg；P 为轿厢质量，kg；W 为对重质量，kg；q 为电梯平衡系数。

电梯平衡系数检测仪（elevator balance coefficient detector）主要有以下几种类型。

① 功率法检测仪：通过实时测量电梯空载运行功率与运行速度，由数据处

理终端计算并输出电梯平衡系数的检测结果。如型号为 DGDPG-C 的电梯平衡系数测试仪，这种检测仪通过测量电梯运行过程中的电能消耗和位移变化来推导出平衡系数，具有无需加载荷、检测时间短、操作简便等特点，适用于各种电梯的现场检测。

② 电流法检测仪：这类检测仪通过测量电梯运行时的电流变化来推算平衡系数，常见的仪器包括钳形电流表等工具。

③ 测力法检测仪：在无需砝码的条件下，采用钢丝绳张力检测技术，通过高速硬件算法力学分析模块，在检测钢丝绳张力的同时，能够实现对各种电梯平衡系数的现场在线检测。

这些检测方法各有特点，如表 5-2 所示。但其共同特点是能够快速、准确地测量电梯的平衡系数，帮助维护人员及时发现和解决电梯运行中的不平衡问题，确保电梯的安全运行。

表 5-2　三种平衡系数测量方法优缺点对比

测量方法	优点	缺点
功率法	无需手算，直接读取平衡系数，效率高	①对于无机房电梯，测量装置的安装十分不便； ②速度测量装置不易与钢丝绳或钢带紧密贴合，存在速度测量误差
电流法	技术成熟，不需要专用测量仪器，实用性强	①轿厢和对重运行至同一水平位置的时刻不易判断； ②钳形电流表的数值时刻变化，读取存在滞后，无法得到精确电流值； ③在绘制电流-载荷曲线图时存在绘图误差； ④需要反复搬运砝码，效率低且成本高
钢丝绳测力法	电梯无需上下运行多次，效率高	①针对不同直径的钢丝绳需要准备不同型号的夹具； ②钢丝绳的不均匀受力会影响测量结果； ③测量过程中需要使钢丝绳弯曲，可能会对钢丝绳产生损伤； ④不适用于钢带电梯； ⑤测试结果为电梯静态工况数据，机构静摩擦力的方向与大小会影响检测精度

5.2.2 平衡系数测试仪的构造

(1) 功率法平衡系数测试仪构造

① 传感器模块。包括电流传感器、速度传感器等，用于测量电梯电机的运行电流及运行速度。

② 数据采集模块。采集来自传感器的电流、速度、负载等数据，并进行初步处理。

③ 数据处理模块。通过内置算法计算平衡系数，并显示测试结果。

④ 显示模块。通常为液晶显示屏（LCD），用于实时显示测试数据和结果。

⑤ 控制模块。提供操作界面（如按键或触摸屏），方便用户进行测试操作。

⑥ 通信模块。支持数据导出或远程传输，如通过 USB、蓝牙或 Wi-Fi 将测试结果传输到电脑或移动设备。

(2) 功率法平衡系数测试仪工作流程

① 安装传感器。将电流传感器安装在电梯电机电源线上，将速度传感器安装在电梯曳引轮或钢丝绳上。

② 测试运行。让电梯在不同负载下（如空载、50%负载、满载）运行，测试仪实时采集电流和速度数据。

③ 计算平衡系数。通过电流和速度数据，测试仪计算出电梯的平衡系数。

(3) 钢丝绳测力法平衡系数测试仪的构造

钢丝绳测力法平衡系数测试仪是一种专门用于测量电梯平衡系数的设备，其工作原理是通过测量电梯钢丝绳的张力和运行参数（如速度、负载等），计算出电梯的平衡系数。这种方法相较于传统的电流法更加直接且精确，特别适用于高精度要求的场合。

钢丝绳测力法平衡系数测试仪通常由以下几个主要部分组成。

① 力传感器模块。力传感器通常安装在电梯钢丝绳的固定端或移动端，直接测量钢丝绳的拉力。常见的力传感器包括应变式传感器、压电式传感器等。

② 速度传感器模块。通常安装在电梯曳引轮或钢丝绳上，通过检测旋转速度或线速度来计算电梯运行速度。常见的速度传感器包括编码器、光电传感器等。

③ 数据采集模块。实时采集力传感器和速度传感器的数据，并进行初步处理。通常具备高采样率，以确保数据的精确性和实时性。

④ 数据处理模块。根据钢丝绳张力、电梯负载和速度等参数，通过内置算法计算电梯的平衡系数。

⑤ 显示模块。用于显示测试数据和计算结果，通常为液晶显示屏（LCD），支持实时数据显示和曲线图绘制。

⑥ 控制模块。提供操作界面，可以是按键、触摸屏或其他输入，方便用户进行测试操作。

5.2.3 使用实例

(1) 设备实例

设备名称	微力无载型电梯平衡系数检测仪
型号	DTPH
主要参数	①操作力：≤10N，测力精度≤1%； ②载荷要求：无载荷空轿厢测量； ③轿厢及对重的质量：<5000kg； ④通信方式：USB 接口； ⑤探头直径：8、10、12、13、16mm； ⑥测力量程：0～500N
实物图	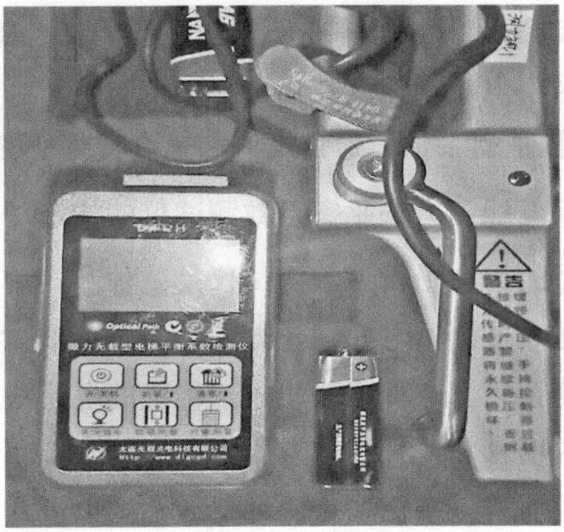

(2) 使用范围

适用于悬挂装置为钢丝绳形式的有机房、无机房电梯。在无载工况下完成电梯平衡系数的快速检测。

(3) 操作方法及注意事项

① 将测力主机上的 USB 数据线与手持控制器 USB 接口相连，依次根据电梯钢丝绳的规格更换与其对应的探头。

② 主机上施力杆通过近 180°旋转实现对钢丝绳施加均匀的压力，施力杆与压力传感器探头连接。

③ 按下“开关/背光”键，背光由开启状态变为关闭状态，或者由关闭状态变为开启状态。

④ 测量操作。长按测量键可进入额定载荷微调界面，通过按下上下箭头增

加或减少电梯额定载荷。电梯额定载荷设置成功后长按测量键进入钢丝绳绕法设置界面，通过上下键来设置钢丝绳的绕法，长按测量键完成设置。在钢丝绳设置界面通过上下键来设置钢丝绳的直径，长按测量键完成设置。

⑤ 轿厢测量。进入轿厢测量界面，首先通过上下箭头设置检测参数：检测人员的体重和钢丝绳数量，长按“测量”键参数设置成功。之后逐根测量钢丝绳的张力，液晶显示屏将显示“N1”至“N10”10 根钢丝绳的序号，闪烁的序号即为将要测量的钢丝绳。按下“测量”键可记录当前张力，按下“清零”键可删除最新数据，长按“清零”键将删除所有数据。张力当前值为“N”，张力平均值为“M”。

⑥ 对重测量。按下“对重测量”键，仪器将进入对重模式。设置方法同上，张力当前值为“N”，张力平均值为“M”。

⑦ 钢丝绳张力测量。液晶显示屏上至多同时保存和显示 10 组钢丝绳的张力值。可通过“轿厢测量”和“对重测量”键在两种测量模式之间切换，测量数据互不影响。两侧数据测量完成后，长按“测量”键，仪器自动给出平衡系数计算结果。若平衡系数没有在 0.1～1 之间，仪器将显示“平衡系数异常”。仪器配置：手持控制器、测力主机，直径为 8mm、10mm、12mm、13mm 及 16mm 的探头。

5.3 电梯振动及加减速度分析仪

5.3.1 功能种类

电梯振动及加减速度分析仪（elevator vibration and acceleration analyzer）用于测量和分析电梯运行过程中的振动幅度和频率，电梯启动、停止及运行过程中的加减速度、运行速度，分析振动和加速度数据，诊断电梯潜在的机械或电气故障等，通过测量评估电梯的运行性能、舒适度和安全性，提供故障预警和原因分析等。

电梯振动及加减速度测量仪在测量原理上主要分为接触式检测与非接触式检测两类。接触式检测是将测量单元与被测试电梯钢丝绳、扶梯梯级或其他传动部件直接接触，通过使用旋转编码器等方式测量对应的运行安全参数，如速度、加速度等；非接触式检测是测量单元不与电梯的移动部件产生直接接触，通过检测传感器的光信号、振动信号或其他类型信号中的一个或多个产生的变化，检测电梯加减速度等运行参数。

5.3.2 工作原理及结构

电梯加减速测量仪的工作原理是利用加速度传感器和数据采集系统来记录和分析电梯的加减速数据。具体来说，该仪器首先将加速度传感器安装在电梯的底部，数据采集系统则安装在电梯内部。测试前，需要设置好测试参数，如测试时长和采样频率等。当电梯开始运行时，加速度传感器会记录电梯的加减速信息，并将其传输给数据采集系统。数据采集系统通过算法处理这些数据，计算出电梯的运动曲线，并将结果显示在屏幕上。

电梯振动及加减速度分析仪是一种高精度的检测设备，其核心结构包括传感器、数据采集模块、处理器、存储模块、显示模块、通信模块、电源模块等，通过软件系统实现数据采集、处理、分析和显示。

① 传感器负责检测电梯的振动、加速度、速度等物理量，包括加速度传感器、速度传感器、倾角传感器等。

② 数据采集模块接收传感器信号，进行放大和转换，包括信号放大器、模数转换器（ADC）、采样控制器等。信号放大器放大传感器输出的微弱信号，提高测量精度。模数转换器将模拟信号转换为数字信号，便于后续处理。采样控制器控制采样频率和采样时间，确保数据采集的准确性。

③ 处理器负责数据的实时处理和计算分析。

④ 存储器：用于存储采集的原始数据和分析结果。外部存储接口（如 SD 卡、USB）用于数据导出和备份。

⑤ 显示模块实时显示测量数据和分析结果。

⑥ 通信模块用于与计算机或其他设备进行连接，无线接口（如 Wi-Fi、蓝牙）用于远程数据传输和监控。

⑦ 电源模块通常为可充电锂电池，支持便携使用。

⑧ 软件部分控制设备运行、处理数据、生成报告，包括数据采集软件、分析软件、故障诊断软件、用户界面等。

5.3.3 相关知识——电梯运行加减速度

根据 GB/T 10058—2023《电梯技术条件》，乘客电梯轿厢运行在恒加速度区域内的垂直振动的最大振动峰峰值不应大于 0.30m/s^2，A95 振动峰峰值不应大于 0.20m/s^2。乘客电梯轿厢运行期间的水平振动的最大振动峰峰值不应大于 0.20m/s^2，A95 振动峰峰值不应大于 0.15m/s^2。电梯运行过程中的加速度及其变化情况，如图 5-1 所示。

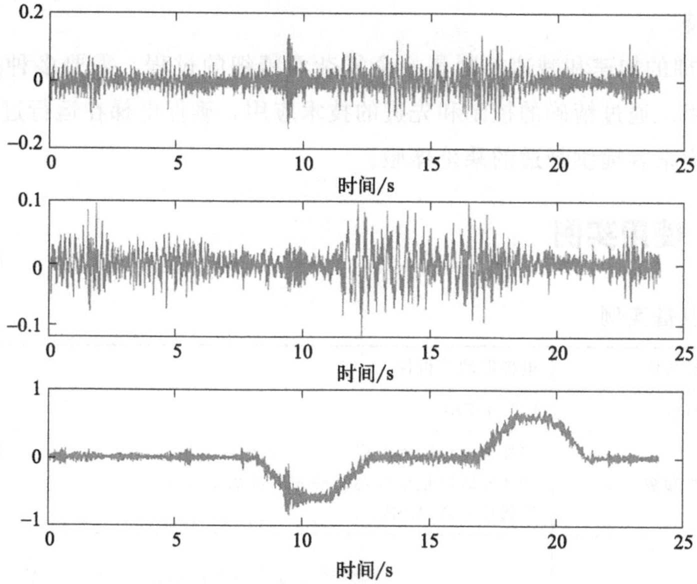

图 5-1 某台电梯正常运行三轴加速度曲线

影响电梯运行舒适性的主要因素：一是电梯启动和制动过程中加速度变化引起的超重感和失重感；二是电梯在稳速运行时的振动。电梯振动产生的原因很多，如电梯安装时导轨安装质量不高、电梯曳引机齿轮啮合不良、变频器的控制参数调整不当、电梯轿厢的固有振动频率与主机的振动频率重合产生共振等。电梯的加速和减速控制是电梯运行过程中的关键环节，它直接关系到电梯运行的平稳性、舒适性和安全性。电梯运行的加减速度的控制过程如下。

① 电梯的加速控制主要通过电机驱动系统来实现。当电梯接收到启动指令后，电机驱动系统会开始工作，根据预设的加速度曲线逐渐提高电梯的运行速度。在这个过程中，电梯控制系统会实时监测电梯的运行状态，包括速度、加速度等参数，并根据实际情况进行微调，以确保电梯平稳加速。

② 与加速过程相反，电梯的减速控制则主要在电梯接近目标楼层时开始实施。当电梯运行到接近目标楼层时，控制系统会根据预设的减速距离和减速度，逐渐降低电梯的运行速度。这个过程同样需要精确控制，以确保电梯能够平稳、准确地停靠在目标楼层。

③ 为了实现精确的加速和减速控制，现代电梯通常采用了先进的控制算法和传感器技术。例如，一些电梯使用了变频调速技术，可以根据实际负载和运行

情况实时调整电机的转速和转矩，从而实现更加平稳的运行。此外，电梯还配备了各种传感器，用于实时监测电梯的运行状态和环境条件，为控制系统提供准确的数据支持。

④ 电梯的加速和减速控制是一个复杂而精细的过程，需要多种技术和设备的协同作用。通过精确的控制和先进的技术应用，确保电梯在运行过程中既平稳又安全，为乘客提供舒适的乘坐体验。

5.3.4 使用实例

(1) 设备实例

设备名称	电梯振动分析仪
型号	DTCY-Pro
主要参数	①加速度传感器量程：$\pm 2g$，灵敏度：0.5mg； ②声压级测量量程：30～90dB，灵敏度：1dB； ③通信方式：USB
实物图	

(2) 使用范围

用于对电梯的加速度、减速度、运行速度进行全程测量，评估其运行状态。

(3) 操作方法及注意事项

① 测量前准备。将电梯开至顶层或底层，可以进行由下而上或由上而下的测量。电梯稳定后，打开电梯轿厢门（电梯轿厢底板应为硬质无缓冲的材质，否则会导致测量数据不准确）。

② 长按主机的“开机”键 3s，仪器开机。

③ 按照屏幕提示，设置测试参数。

④ 将振动测试仪平放于电梯轿厢地板上居中位置，仪器头正朝向电梯门，仪器两侧的方向为 Y 轴方向，电梯运行的方向为 Z 轴方向，并点击“确定”开始测试。仪器进入倒计时准备界面。

⑤ 当倒计时结束后，仪器提示“请关门”时，将电梯门关闭，并使电梯开始运行。

⑥ 电梯运行时，仪器会自动记录运行速度，并以数字和图形方式显示。等电梯到达目标层停稳后，仪器将自动停止测量，并进入测量结果界面。

⑦ 测量数据可通过“全部保存”按键将数据自动保存到仪器内置存储器中，以便利用电脑软件得到更加详细的数据分析。

⑧ 测量环境振动比较大时，可能会因此而造成错误测量结果。

⑨ 使用故障仪器、被碰撞过的仪器、被误用过或是被改造过的仪器时，可能会出现错误的测量结果。

5.3.5 应用示例——电梯振动分析

电梯振动分析在电梯检验检测领域已经获得了大量应用，结合不同的数据分析方法，可实现运动参数（加速度、速度、位移等）的测量以及电梯制动性能（制动距离、制动时间、平均制动减速度）等不同电梯参数的测量。例如：根据加速度数据在平均值附近的上下波动特性，可进行电梯振动舒适度分析；对加速度进行数字滤波和数值积分，可测量电梯速度、运行距离等参数。

将测量到的振动数据进行分析可以进一步判断电梯的运行情况。例如：使用电梯加减速测试仪测得轿厢下行制动平均减速度 a_1，轿厢上行制动平均减速度 a_2，结合电流法测得该台电梯的平衡系数 K，可判断电梯的制动性能。使用空载方法测试电梯制动性能，只要使用电梯加减速度测试仪测量出以正常运行速度向下运行的空载轿厢在运行至与对重处于同一水平位置时紧急制动的轿厢下行制动平均减速度，和以正常运行速度向上运行的空载轿厢在运行至与对重处于同一水平位置时紧急制动的轿厢上行制动平均减速度，经过计算就可确定电梯制动器的制动性能是否满足标准要求。利用快速傅里叶变换可计算出不同频率下的振动加速度幅值，分析频率谱曲线可得到振动的主要频率构成及各频率下的振动信号强弱，通过将故障设备的振动频率谱曲线与正常运行状态下频率谱曲线做对比即可定位出设备异常机械振动源。电梯振动分析仪在电梯安装调试、定期维护、故障诊断和性能评估中具有重要应用。电梯振动分析仪能够发现潜在故障，优化运行性能，提升舒适性和安全性，是电梯检测和维护的重要工具。

示例：电梯异常振动测试分析（某台电梯在运行时出现异常振动）。

导轨安装问题是电梯最常见的振动原因，主要由安装和土建等方面引起。该类振动较为容易被查出来，使用电梯振动分析仪测量某地电梯在空载情况下的振动特性，在振动加速度曲线上表现得比较明显。如图 5-2 所示，通过电梯运行的振动加速度曲线可以明显看出，振动发生在水平方向固定的位置，即两根导轨接头处。

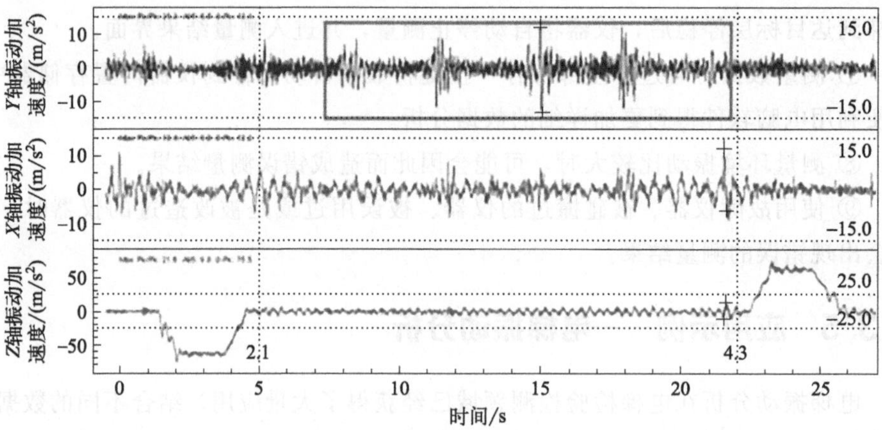

图 5-2　某台电梯导轨接头问题案例的电梯加速度曲线

5.4　起重机吊索具探伤仪

5.4.1　功能及种类

起重机吊索具探伤仪（crane lifting sling inspection instrument）是一种用于检测吊索具（如钢丝绳、吊链、吊带等）内部和表面缺陷的专业设备，广泛应用于起重机、港口、矿山等场合，以确保设备的安全运行。以下是其主要功能和种类的简单介绍。

起重机吊索具探伤仪主要功能是检测吊索具内部和表面的裂纹、断丝、磨损、腐蚀等缺陷，识别局部损伤或整体退化，定位与定量分析，精确定位缺陷的位置，量化缺陷的大小、深度和严重程度，实时监控，支持在吊索具运行过程中进行实时检测等。

按照工作原理分类，起重机吊索具探伤仪的常见种类包括：磁粉吊索具探伤仪、超声波吊索具探伤仪、电磁吊索具探伤仪、射线吊索具探伤仪、涡流吊索具探伤仪等。

5.4.2 工作原理

起重机吊索具探伤仪的工作原理主要基于无损检测技术，通过不同的物理方法检测吊索具（如钢丝绳、吊链、吊带等）的内部和表面缺陷。下面以磁粉探伤原理为例进行介绍。

将被检查吊索具部位置于电磁探头中间，施加磁场，使其磁化，当磁力线通过被检工件时，在有缺陷（各种裂纹、砂眼、白点、夹渣等）处的工件表面上就会产生散漏磁场，这些散漏磁场的显现和检测即为磁粉探伤的基础。散漏在缺陷周围介质中的磁场能吸引具有高磁导率的磁性铁粉，磁粉聚集在缺陷上，从而显出缺陷的位置和形状，还可以判断其性质。

5.4.3 使用实例

(1) 设备实例

设备名称	起重机吊索具探伤仪
型号	CTS-4
主要参数	①电源电压：AC 220V； ②磁化电流：马蹄式 5A，环型 7A； ③探头激磁：马蹄式 1500AN，环型 350AN； ④磁化范围：马蹄式 70～120mm，环型 160mm； ⑤磁力：马蹄式 3kg（近表面横向裂纹 1mm 以下，6mm 以上）
实物图	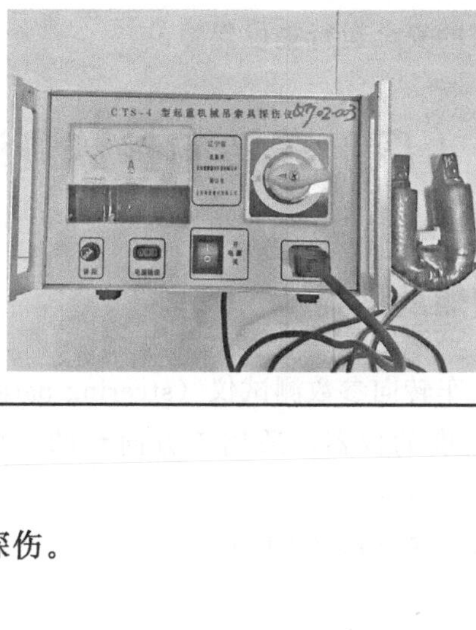

(2) 使用范围

用于起重机械吊索具工件的探伤。

(3) 操作方法及注意事项

① 根据被测工件形状选择探头。

② 接好电源线和探头线，打开电源开关。根据被探伤的部件大小调整“磁场强度”，电源控制箱面板上的控制开关，分别控制“弱、中、强”三挡，挡位越高，电流越大，磁场强度越大。

③ 在工件上撒上磁粉（或喷洒磁悬液），即可探伤。

④ 探头使用方法：检查仪器、电源导线、探头导线是否有破损处；对被探工件表面进行处理，达到无锈、无氧化皮、无油垢；拉住探头开关，此时探头已通电并产生磁场。然后将 200 目[1]以下的干磁粉撒到工件表面，此时工件如有缺陷（各种裂纹、砂眼、白点）等就会产生散漏磁场，磁粉聚集在缺陷上，从而显现出缺陷的位置和形状。磁粉聚集越多，裂纹深度越大。在连续移动探头时，如向右移动需抬起左侧触角，如向左移动需抬起右侧触角，抬起高度为 10～20mm。

马蹄式探头是万能探头，最适用于检测异形表面、销孔四周表面裂纹、锻造面及钢件等。

环形探头适用于检测起重机吊钩、环链、轴、销等。

5.4.4 应用示例——塔式起重机吊钩检测

建筑工地塔式起重机吊钩长期承受重物吊装，可能存在裂纹、变形等隐患。应定期使用起重机吊索具探伤仪对吊钩进行检测，以确保吊装安全。

示例：对某台塔式起重机吊钩进行检测，清洁吊钩表面，喷涂白色底漆，探伤仪对吊钩表面进行纵向和周向磁化，喷洒荧光磁粉悬浮液，在紫外线灯下观察磁痕，发现钩颈处有一条长约 5mm 的裂纹，通过更换有裂纹的吊钩消除安全隐患，为起重机的安全运行提供保障。

5.5 场（厂）车转向参数测试仪

5.5.1 功能及种类

场（厂）车转向参数测试仪（steering parameter tester）是用于检测转向操纵力及转动角度的仪器，适用于方向盘的自由转角、原地转向力、方向盘转

---

[1] 目是指每英寸筛网上的孔眼数目。

矩/操作力、转角等静态或动态参数的检测。

按安装方法、结构特点可以分为以下几类。

① 便携式转向测试仪　体积小巧，便于携带，适用于现场快速检测，通常配备无线数据传输功能，操作简便。

② 固定式转向测试平台　安装在特定位置，适用于车辆定期检测和维护，测试精度高，功能全面。

③ 数字式转向测试仪　采用数字化技术，直接显示测试结果，支持数据存储和分析，具有高精度和智能化的特点。

④ 机械式转向测试仪　传统机械结构，通过指针或刻度显示测试结果，结构简单，成本较低，但精度和功能相对有限。

5.5.2 结构组成

转向参数测试仪通常由机械构件、传感器、显示器等部分组成。转向力（或力矩）通过测力机构经传感器转换为电信号，由仪表显示器显示。

5.5.3 使用实例

(1) 设备实例

设备名称	转向参数测试仪
型号	WZX-Ⅰ
主要参数	①方向盘转向力矩：20～100N·m； ②方向盘转向力：100～500N； ③转向角：顺逆时针旋转均不小于1080°； ④转向力、转向力矩示值误差：≤±2%； ⑤转向角示值误差：±3°
实物图	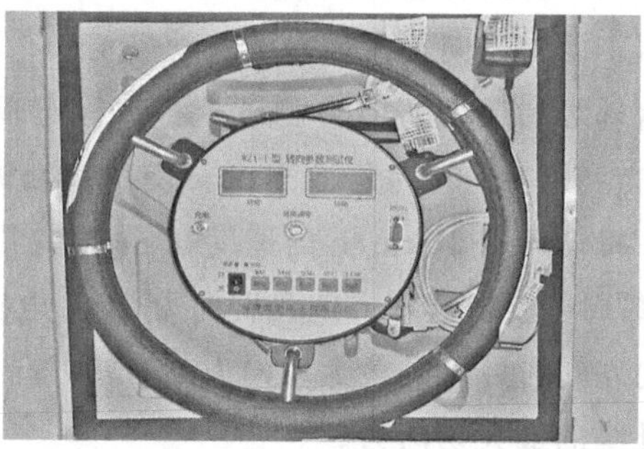

(2) 使用范围

用于场（厂）内专用机动车辆转向参数的测量。

(3) 操作方法及注意事项

测量前将测试仪安装在被测场（厂）车的方向盘上，安装时应保证三个固定脚长度一致，并将螺栓拧紧，打开电源开关，接通电源，仪器将进入测试界面。

进行系统校准，接着施加转向力矩，同时记录测量仪显示的转向力矩和转向角度。

自由转向角测量。打开电源开关，仪器首先进入自由转向角测量状态，此状态下，仪器左侧一组数码管显示实时转向力值，单位为牛顿（N）；右侧一组数码管显示实时的转角值，单位为度（°）。按一次“保存”键，可保存测试时的数值，保存容量为10组数据。

需要查询测量数值时，在仪器查询状态下进行，按“翻页”键，左侧一组数码管可显示力或力矩的数据。

根据测量结果来分析判断转向系统的性能是否符合要求。

5.5.4 相关知识——转向力、转向角测试

GB/T 16178—2011《场（厂）内机动车辆安全检验技术要求》中规定：方向盘的最大自由转动量不应大于30°。方向盘的最大转向力取方向盘向左转或向右转的转向力中最大值，即为方向盘外缘的最大切向力。施加于方向盘外缘的最大切向力不应大于245N。

方向盘的最大自由转动量测试。机动车在原地不动，向左轻转方向盘至转向轮即将动作的瞬间（转向轮即将转动但未转动时），向右轻转方向盘至转向轮即将动作的瞬间（转向轮即将转动但未转动时），读取方向盘转向力-转向角检测仪上转向角值，即为方向盘最大自由转动量。

方向盘外缘的最大切向力测试。将被检车辆停在检测场地上，保持车体正直，将方向盘转向力-转向角检测仪安装在被测机动车方向盘上，调整零位。左转方向盘，机动车以10km/h的速度在5s之内沿螺旋线从直线行驶过渡到直径为25m的圆周行驶，读取方向盘转向力-转向角检测仪上的转向力值，即为施加于方向盘向左转时外缘的最大切向力；右转方向盘，重复上述步骤，读取方向盘向右转时外缘的最大切向力。

5.6 场（厂）车踏板/手刹力计

5.6.1 功能及种类

踏板/手刹力计（pedal/handbrake force gauge）可以用于测试脚刹力和手刹力，适用于需要精确测量制动力的场景。连接脚刹和手刹的传感器，可实时显示测试数据和峰值数据，具有清晰直观、简单易用的特点。

踏板/手刹力计是以单片机为核心的智能化测试仪器，采用A/D转换器进行数模转换，测量时采样速度快、转换精度高。仪器配以点阵式液晶屏作为显示器件，实时显示测试数据，清晰直观，简单易用，配有通信接口，可将测试结果发往其他上位机，以便灵活构成联机测试和数据采集系统。

按安装方法特点可以分为便携式和固定式。

便携式踏板/手刹力计：体积小巧，便于携带，适用于现场快速检测。通常配备无线数据传输功能，操作简便。

固定式踏板/手刹力计：安装在特定位置，适用于车辆定期检测和维护，测试精度高，功能全面。

5.6.2 工作原理

踏板/手刹力计的工作原理是利用固定在制动踏板/手刹上的传感器，将作用在制动踏板/手刹上的力转化为电信号，然后通过高性能微处理器进行数模转换，最终在液晶屏上实时显示测试数据和峰值数据。力传感器一般采用箔式应变片贴在合金钢弹性体上，具有测量精度高、稳定性好、温度漂移小、输出对称性好的特点。

5.6.3 使用实例

(1) 设备实例

设备名称	踏板/手刹力计
型号	YT-3
主要参数	①踏板力：0～999N，分辨率为1N； ②手刹力：0～999N，分辨率为1N； ③测量误差：≤1%

续表

实物图	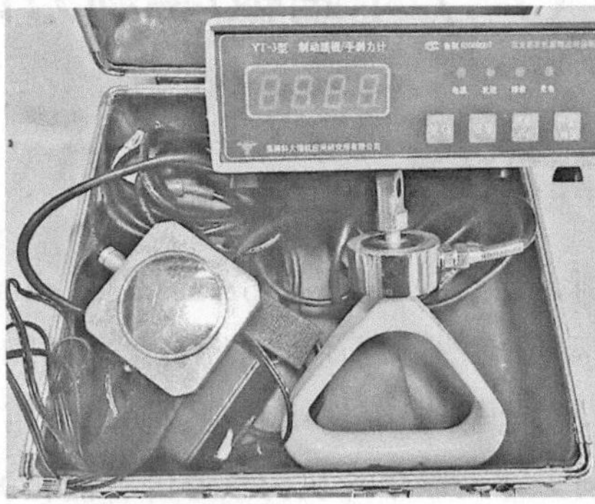

(2) 使用范围

用于场（厂）内机动车辆踏板/手刹力的测量。

(3) 操作方法及注意事项

① 仪器通电或按下复位键后，显示器上显示约 3s 的“GOOD”提示符后进入测量状态，其最右边的标志位上显示“H”，其余 3 位为测量数据位，说明此时仪器已进入手刹力测量状态，在该状态下可利用前面板上的时值、峰值键进行测量。若退出峰值测量，只需要按一下峰值键即可。另外还可利用面板的回零键，任意设置仪器的当前测量零点或取消当前测量零点。同样地，若进行踏板力测量，只要按一下前面板上的踏板手刹键，当最右边的显示标志位上显示出“B”字符时，即进入踏板力测量，此时仍利用时值、峰值进行峰值测量或利用面板的回零键设置或取消仪器的当前测量零点。

② 仪器在标定状态下的操作说明。仪器的标定最好在仪器通电 5min 后进行，为保证传感器系数的安全性，标定操作要在仪器通电或复位后显示的“GOOD”字符还未改变时，几乎同时按下踏板手刹键和时值峰值键，否则不能进行标定。在标定状态下，踏板手刹用来对手刹力传感器进行标定，时值峰值键用来对踏板力传感器进行标定。手刹力和踏板力传感器的标定质量均为 60kg。

手刹力传感器标定过程：进行标定后，先不加标定质量，使仪器稳定一段时间，待显示器上的显示值相对稳定后，按一下踏板手刹键，仪器将当前的显示值作为零点，然后加上 60kg 的标定砝码，待其稳定后，再按一下踏板手刹键，仪器便自动计算出系数并显示在显示器上，同时将系数存入仪器内部的 FLASH 存储器中。之后，再按一下踏板手刹键即可退出标定状态进入手刹力测量状态，最右边门显示“H”（也可按复位键退出标定进入测量状态）。

③ 踏板力传感器的标定过程同上，但改为用时值峰值键完成全部标定操作。

5.6.4 相关知识——场（厂）车踏板力要求

GB/T 16178—2011《场（厂）内机动车辆安全检验技术要求》中规定：行车制动器在产生最大制动作用时（满载），踏板力不应超过 700N。手握力不应大于 250N。停车制动应通过纯机械装置锁止工作部件，且驾驶员施加于操作装置上的力：手操纵时不应大于 600N，脚操纵时不应大于 700N。

踏板制动性能应符合多种制动性能参数要求。对于观光车，手刹制动力应能够保证其在最大爬坡度的下行方向，在额定载荷、最大运行速度的条件下制停，并且在额定载荷状态下使其在最大爬坡度的上、下方向可靠驻车。

5.7 便携式制动性能测试仪

5.7.1 功能及种类

便携式制动性能测试仪（portable braking performance tester）可以测量多种制动性能参数，包括制动距离、制动力、制动时间、制动平均减速度（MFDD）、制动协调时间等。

根据其原理和使用场景的不同，便携式制动性能测试仪可进行如下分类。

(1) 按测量原理分类

① 加速度传感器式测试仪：通过测量车辆制动时的减速度来评估制动性能，操作简单，适用于多种车型，但受路况和车辆负荷影响较大。

② 压力传感器式测试仪：通过测量制动系统液压或气压的变化来评估制动性能。能直接反映制动力大小，精度较高，但需要与制动系统连接，操作复杂。

③ 踏板力传感器式测试仪：通过测量制动踏板操作力来间接评估制动性能。安装方便，适用于快速检测，不能直接反映制动力大小。

(2) 按使用场景分类

① 机动车制动性能测试仪：适用于汽车、摩托车等道路车辆的制动性能检测，通常采用加速度传感器或踏板力传感器。

② 场（厂）内车辆制动性能测试仪：适用于叉车、观光车等场（厂）内车辆的制动性能检测。通常集成多参数检测功能，满足特种设备检测需求。

5.7.2 结构组成

便携式制动性能测试仪的工作结构主要包括以下几个关键部分。

① 传感器：测试仪器通常配备传感器，用于测量车辆制动系统的各种参数，如制动力、制动距离、制动压力等。传感器可以采用压力传感器、加速度传感器或其他类型的传感器，根据需要进行选择。

② 数据采集模块：传感器将检测到的数据转换为电信号，并通过数据采集模块进行采集和处理。数据采集模块可以包括模数转换器、滤波器和放大器等组件，用于提高数据的准确性和稳定性。

③ 数据处理和分析模块：采集到的数据会被发送到控制单元或显示屏上进行处理和分析。控制单元可以根据预设的算法计算出制动力、制动距离等参数，并显示在显示屏上供用户参考。

④ 用户界面：便携式制动性能测试仪通常有一个用户友好的界面，用于设置测试参数和查看结果。用户可以根据需要选择不同的测试模式、单位和其他设置，以满足具体测试要求。

⑤ 电源系统：为了保证测试仪的正常工作，它通常需要一个电源系统，可以是电池或通过外部电源供电。电源系统提供所需的电能，以使所有部件和功能都能正常运行。

⑥ 数据存储和传输模块：一些便携式制动性能测试仪还可以配备数据存储和传输功能，使用户能够保存测试数据并将其传输到其他设备进行进一步分析和报告。

5.7.3 使用实例

（1）设备实例

设备名称	便携式制动性能测试仪
型号	WZD680
主要参数	①测量范围：加速度≤±9.81m/s^2，减速度≤±19.6m/s^2； ②制动时间：≤10s； ③分辨率：加速度 0.01m/s^2，0.01km/h，0.01s，0.01m； ④准确度：2.0 级

续表

<table>
<tr><td>实物图</td><td>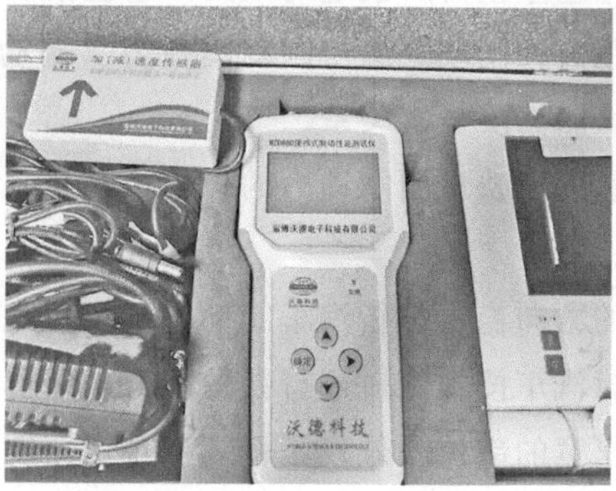
</td></tr>
</table>

(2) 使用范围

用于场（厂）内机动车辆制动距离、制动力、制动时间等的测量。

(3) 操作方法及注意事项

① 测试时，将“加速度传感器”上的箭头方向与被测车辆的行进方向平行，且指向前进方向，使测试结果更准确；传感器可以水平吸在车内或车顶；也可以垂直吸在车身上，箭头头尾前后尽量保持在相同高度；将其信号线插入仪器主机的三芯航空插头。

② 测试过程中传感器应保持固定，不得与车辆有相对滑动。

③ 踏板开关固定到制动脚刹，电线向下，另一头插入仪器上部右侧圆孔插座。

④ 应在平坦、无上下坡的直道上进行制动测试。

⑤ 调整传感器前后高度，在显示实时车速为“0.0km/h”时，再将被测车辆开动。

⑥ 加速测试车辆行驶速度至略高于欲进行制动测试的车速，减小油门，待车速降至预期的制动车速后，放空挡，急踩制动踏板即可。

⑦ 车停稳后，仪器自动显示“制动初速度”“协调时间”“充分发出的平均减速度”“制动距离”等测试结果。测试结果可根据需要保存、通信和打印。

5.7.4 相关知识——观光车制动性能评价

观光车行车制动性能是在平坦、硬实路面上，以规定的初速度从制动到停车的制动距离或制动平均减速度来评价，是机动车制动性能的最基本的评价指标。

制动距离是指机动车在规定的初速度下，从脚接触踏板（或手触动制动手柄）时起到机动车完全停止时所驶过的距离，它包括制动起作用和持续制动两个阶段机动车驶过的距离。制动距离与制动踏板力（制动系中的压力）、路面种类、状况及轮胎气压、胎面质量有关系。

制动减速度反映地面制动力的强弱，它与制动器制动力（车轮滚动时）以及附着力有关。

制动时的方向稳定性指汽车制动时不发生跑偏、侧滑以及四驱转向能力的特性。用制动时汽车按规定轨迹行驶的能力来评价，以制动过程中机动车的任何部位（不计入车宽的部位除外）是否超出规定宽度的试验通道的边缘线来评价。

制动协调时间是指在急踩制动时，从脚接触制动踏板（或手触动制动手柄）时起至机动车减速度（或制动力）达到规定的机动车充分发出的平均减速度（或规定的制动力）的75%时所需的时间。

按照国家相关标准，观光车制动距离应符合表5-3的要求。

表5-3 观光车的制动距离数据表

项目	初速度/(km/h)	载重量	制动距离/m
最高车速<18km/h	10	空载	≤2.5
		满载	≤3.5
18km/h≤最高车速≤30km/h	20	空载	≤5.0
		满载	≤6.0
观光列车	10	空载	≤3.5
		满载	≤4.5

5.8 应变测试仪

5.8.1 功能原理及种类

应变测试仪（strain testing instrument）一般也称电阻应变仪。有线应变仪、箔式应变仪、半导体应变仪等。应变测试仪广泛应用于材料的力学性能检测中，例如测定材料拉伸模量，就是用所加负荷和由贴在试件表面的应变片测出的应变值经计算而得。测量起重机械、大型游乐设施等结构的应变，可以了解材料在受力时的形变程度，进而分析其应力状态和力学性能，有助于评估结构的强度和耐久性，确保工程结构的安全性和稳定性。

将应变片按规定方向贴在试件表面，由试件表面应变造成应变片的电阻值变化。人们用高灵敏度检流计测出电阻值的变化，并由此推得应变值的大小变化。

应变仪按频率响应范围可分为静态应变仪、静动态应变仪、动态应变仪和超动态应变仪。其中静态电阻应变仪和动态电阻应变仪应用较多。

5.8.2 结构组成

静态电阻应变仪用电学方法测量不随时间变化或变化极为缓慢的静态应变。它由测量电桥、放大器、显示仪表和读数机构等组成。贴在被测构件上的电阻应变计接于测量电桥上。构件受载变形时，测量电桥有电压输出，经放大器放大后由显示仪表指示出相应的应变值。静态电阻应变仪每次只能测出一个点的应变。进行多点测量时可配以预调平衡箱。所有测点的应变计均预先接在平衡箱各点上，然后通过开关逐点转换接入应变仪。

动态电阻应变仪用于测量随时间变化的动态应变，其工作频率一般在5000Hz以下。它由测量电桥、放大器和滤波器等组成。为了同时测量多个动态应变信号，应变仪一般有多个通道，每个通道测量一个动态应变信号。动态应变是随时间而变化的，须将应变的动态过程记录下来，因此动态应变仪要与记录器配套使用，记录结果可直接反映被测应变信号的大小和变化。

5.8.3 使用实例

(1) 设备实例

设备名称	电阻应变仪
型号	ASMC5-32
主要参数	①ADC:24位,SAR; ②桥压:1.25V; ③通道数:32; ④通信:以太网; ⑤同步性:单台设备各通道完全同步; ⑥每通道最高采样率/(S/s):32k(5、10、20、50、100、…多种频率可选); ⑦基本测试信号:应变差分电压; ⑧测试范围:−30000～30000με(默认);−39000～39000μV(默认); ⑨分辨率:0.1με;0.1μV; ⑩误差:0.05%D±0.3με;0.03%D±0.5μV(半桥);

续表

主要参数	⑪温漂：1.5με/℃；0.2μV/℃（半桥）； ⑫时漂：1με/24h～5000με（全桥）；2μV/24h～6250μV； ⑬接桥方式：1/4 桥、半桥公共补偿、半桥一对一补偿、半桥无横向效应、半桥有横向效应、全桥无横向效应、全桥有横向效应； ⑭显示、操作：通过 PC 显示、操作； ⑮配套 PC 软件：Sigmar 综合测试软件
实物图	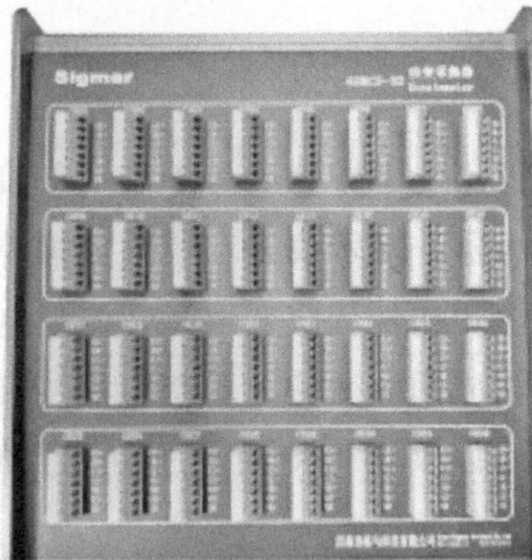

(2) 使用范围

用于起重机械、大型游乐设施等设备的应变状态测量。

(3) 操作方法及注意事项

① 使用前需要检查仪器的整体状况，确保没有损坏和松动的地方。

② 按照材料和应变范围准备好所需的传感器。

③ 根据传感器类型，将传感器粘贴在测试样品上，或者将其插入测试样品中。在连接过程中，应当注意传感器与测试样品之间的粘贴或插接质量。

④ 调试仪器置零。进行桥路平衡和放大器增益调节，使仪器能正常工作，根据具体情况调整参数设置，将读数显示器置零。

⑤ 按下仪器上的启动按钮，开始采集测试数据。在测试过程中，需要控制测试负载，以保证测试的准确性和可靠性。测试结束后，将读数清零，以便进行下次测试。

⑥ 测试环境应控制在相对恒定的温度和湿度范围内，以免产生误差。

(4) 软件主要功能要求

① 周全的测试参数设置：采样参数；通道物理信号选择；通道参数（开关、

图示桥接、桥压、阻值、灵敏度、映射换算修正、量程、分辨率、单位、导线电阻、泊松比)；应力或残余应力的测点、编号；材料参数等。

② 参数可视化拖动设置：如设置应力、残余应力参数时，可根据所选应变花类型，将通道直接拖放到相应的角度上；设备选择、信号选择、通道曲线选择都可直接拖入；硬件桥接有图示帮助。

③ 所有一次直接测量信号的数据都可以实时保存。

④ 所有被测物理信号的数据以表格形式实时显示。

⑤ 所有被测物理信号的波形可实时显示。

a. 显示信号随采样次数变化的曲线。

b. 显示信号随时间变化的曲线。

c. 显示信号 Y 随信号 X 变化的 X-Y 曲线。

d. 显示被测工件随时间变化的振型图。

⑥ 强大的实时数据分析功能。

a. FFT 频谱分析。

b. 功率谱分析。

c. 统计分析：最大值、最小值、平均值、有效值、方差、标准差。

⑦ 强大的事后数据回放、数据处理、数据分析、图形处理等功能。

a. 多种实时数据显示工具，还可对历史数据进行整体预览、播放，局部精确地放大、查看。具体如下。

时域/频域峰值结果；时域曲线；频域曲线；直方图数据；显示窗口可停靠，自动隐藏/显示；任意两通道的 X-Y 曲线；振型图；数字图；计量器图；双击图表标题放大到整屏；滑动器图；缸图；温度计；表格；导出双光标之间的数据到文本或 Excel；残余应力表格；仪表盘图；应力表格；数值显示图的数值随图表的放大而放大。

b. 插件式架构，所有信号流都可动态加载：根据用户的模块订单生成配置文件，自动加载，为用户节省闲置功能费用，用户可二次开发，可增加自定义模块，自动加载到菜单中。

c. 数据分析。

(a) 时域分析：自相关、互相关、卷积、解卷积、希尔伯特变换、直方图、冲击响应、脉冲参数分析、18 种统计值。

(b) 频域分析：倒谱、Chirp Z 变换、相干、互功率谱、自功率谱、哈特莱变换、FFT 分析（幅值谱与相位谱)、频率响应、谐波、细化谱分析。

(c) 时频域分析：IMF 分量提取、小波变换。

(d) 极值识别。

d. 数据处理。

(a) 通道间运算：算术、三角函数、高等数学、专用函数、公式、逻辑运算、Sigmar 专业统计函数（多通道中最值所在通道号与数值、函数出现最值的时刻及数值等）、通道一阶二阶微积分。支持通道运算生成各种二次信号量，如：扭矩、应力、残余应力。

(b) 滤波：经典滤波：低通、高通、带通、带阻、全通。现代滤波：IIR 直接、FIR 直接；等波纹、公式、窄带、S-G 平滑、Sinc。简单滤波：中值、时间平滑等。

e. 信号发生器功能。

正弦、余弦、三角波、方波、锯齿波、直流、多频、白噪声、指数函数、阶跃函数、冲击函数、斜坡函数、啁啾曲线等。

数据导入导出功能，可导入 txt 文本和 csv 文件，导出 txt 文本、tdms 文件、csv 文件、Excel 表格等数据格式文件，也可按需抓图，方便查看与进一步处理。

5.8.4 相关知识——应变与应力

应变这个概念在材料科学、工程力学等众多领域都有着至关重要的地位。以起重机械为例，当起重机械吊装重物时，主梁在承受不同大小和方向的力时会产生应变，通过精确计算和分析应变，能够判断材料是否会在使用过程中发生过度变形，从而确保起重机械的结构安全和稳定性。应变是受到应力之后产生的相对变形率，是一种比值，因此应变是没有单位的，如果力的方向是相反的，那么压缩就会变成拉伸，计算方式不变。

应力就是物体由于外因（受力、湿度、温度场变化等）而变形时，在物体内各部分之间产生相互作用的内力，以抵抗这种外因的作用，并试图使物体从变形后的位置恢复到变形前的位置。这个力就是应力，实际就是压强，单位为 MPa。

假设长度为 L 的结构物受力发生形变后的长度变为 L'，那么它的长度变化量 $\Delta L = L' - L$，而应变 ε 就是变化量 ΔL 与原长度 L 的比值，公式如下：

$$\varepsilon = \Delta L / L \tag{5-2}$$

应变量跟承受的应力变化量的计算公式：

$$\sigma=\varepsilon E \tag{5-3}$$

式中，σ 为应力；E 为被测物的弹性模量，是描述材料弹性的物理量，可以把它看成材料抗变形的能力（刚性）。发生同样变形（应变值一样）的两种材料，抗变形能力越强（弹性模量大）的材料，所承受的应力越大。如：钢作为广泛应用的金属材料，其弹性模量为 190～210GPa；铝以其轻质特性著称，弹性模量为 70～80GPa。

5.9 多功能综合测试仪

多功能综合测试仪（multi-functional comprehensive tester）是一种用于检测和评估机电类特种设备［如电梯、起重机械、场（厂）内专用机动车辆等］性能和安全的综合性检测设备。它可以对设备的电气、机械、安全保护装置等多个方面进行测试，确保设备符合相关标准和规范。以下是对机电类特种设备多功能测试仪的详细介绍。

5.9.1 主要功能

① 电气系统测试。检测电压、电流、功率、接地电阻、绝缘电阻等电气参数，检查电气线路的连接性和故障。

② 力学性能测试。测量设备的运行速度、加速度、减速度、振动等机械参数，检测设备的承载能力和运行稳定性。

③ 安全保护装置测试。模拟故障状态，测试限位开关、过载保护、紧急停止、防坠落装置等安全装置的功能，检查安全装置的响应时间和可靠性。

④ 液压/气压系统测试。检测液压或气压系统的压力、流量、泄漏量等参数，检查液压/气压系统的运行状态和安全性。

⑤ 控制系统测试。测试控制系统的逻辑功能、运行程序、故障诊断能力。检查触摸屏、按钮、指示灯等控制元件的功能。

⑥ 环境适应性测试。检测设备在高温、低温、潮湿等环境下的运行性能。

⑦ 数据记录与分析。实时记录测试数据，生成测试报告。支持数据存储、查询和导出。

⑧ 故障诊断与定位。利用传感器和数据分析功能，可以快速定位设备故障点，为排除故障提供建议。

5.9.2 常见种类

① 电梯多功能测试仪。用于检测电梯的运行速度、加速度、减速度、平层精度、振动、噪声等参数。一般用来测试电梯门系统、限位开关、紧急停止装置等的安全功能。

② 起重机械多功能测试仪。检测起重机的起重量、运行速度、制动性能、载荷限制器等参数。测试起重机械的安全保护装置和电气系统。

③ 场（厂）内专用机动车辆测试仪。检测叉车、观光车等车辆的行驶性能、制动性能、液压系统性能等。测试场（厂）车的安全装置和控制系统的功能。

④ 索道或缆车多功能测试仪。检测索道的运行速度、振动、绳索张力、紧急制动距离等参数。测试索道的安全保护装置和电气系统。

⑤ 通用型机电设备测试仪。适用于多种机电类特种设备，提供通用测试功能。

5.9.3 工作原理

① 传感器采集数据。通过安装在被测设备上的传感器（如速度传感器、压力传感器、加速度传感器等）采集运行数据。

② 信号处理与分析。将传感器采集的模拟信号转换为数字信号，通过内置软件进行分析和处理。

③ 功能测试。根据测试需求，模拟设备的各种运行状态和故障情况，测试其性能和安全功能。

④ 结果显示与报告生成。在显示屏上实时显示测试结果，并生成详细的测试报告。

5.9.4 主要技术特点

① 多功能集成。一台设备可完成多种测试项目，减少设备数量和操作复杂度。

② 高精度测量。采用高精度传感器和信号处理技术，确保测试结果的准确性。

③ 便携式设计。设备轻便易携带，适合现场测试。

④ 用户友好界面。配备触摸屏或显示屏，操作简单，易于上手。

⑤ 数据管理功能。支持数据存储、查询、导出和打印，便于存档和分析。

⑥ 兼容性强。适用于多种机电类特种设备，满足不同测试需求。

5.9.5 使用实例

(1) 设备实例

设备名称	场内机动车综合检测仪
型号	HCC-ZH1
主要参数	①方向盘转角:0°～360°,精度:±0.2°; ②方向盘转向力:0～300N,精度:±0.2N; ③制动距离:0～100m,精度:±0.2m; ④行驶速度:0～15m/s,精度:±0.05m/s; ⑤制动减速度:0～1g,精度:±0.005g; ⑥踏板力:0～1000N,精度:±0.2N; ⑦手刹力:0～500N,精度:±0.2N; ⑧坡度:0～100%,精度:±0.2%; ⑨喇叭音量:30～120dB(A),精度:±0.2dB(A); ⑩电池安全间隙:0～50mm,精度:±0.1mm; ⑪货叉下降速度:0～5m/s,精度:±0.05m/s; ⑫货叉下滑量:0～8m,精度:±0.1m; ⑬货叉倾角自然变化量:0°～90°,精度:±0.1°
实物图	

(2) 使用范围

用于场（厂）内机动车辆综合性能的测量。

(3) 操作方法及注意事项

① 测试时确保所有工作人员处于安全范围之内。

② 安装转向参数试验模块、制动性能检测模块、驻车制动检测模块等需要检测的各个模块。

③ 打开检测软件，进入检测软件主界面，选择相应的测量模块，填写信息。

④ 点击相应检测主界面上的“开始”按键，进行测量；点击“保存”按键实现数据的保存；点击按钮操作区的“导出”按键，检测数据可保存为 PDF 格式文件，实现数据的导出。

⑤ 按“返回”键返回到功能选择界面，按“退出”键退出软件。

⑥ 仪器要按照环境要求存放，定期通电检测，确保仪器电池不过度放电。

参考文献

[1] 曾蜀华．分析特种设备检测仪器管理中存在的问题与对策措施［J］．中国化工贸易，2018（30）：73.

[2] 马宏伟．基于物联网的特种设备检验仪器质量监控与管理［J］．设备管理与维修，2024（14）：95-97.

[3] 高延．特种设备检验检测机构仪器设备的管理对策［J］．中国设备工程，2022（18）：142-144.

[4] 蔡梓丹．特种设备检验检测机构中仪器设备的检定/校准结果确认［J］．中国设备工程，2020（18）：134-135.

[5] 王青刚．游标卡尺测量误差的原因分析［J］．价值工程，2021，40（4）：221-222.

[6] 黄永恒，黄龙飞，韦小华．游标卡尺检定中常见故障处理［J］．科技创新与应用，2023，13（28）：145-148.

[7] 吴瑜．基于激光测距仪的起重机检验装置［J］．起重运输机械，2021（14）：56-61.

[8] 许磊．激光测距仪在起重机检验中运用的研究［J］．价值工程，2014（3）：320，321.

[9] 杨兰．MY65 型数字万用表使用技巧［J］．电子测试，2016（5）：158，148.

[10] 岳奎，熊建国．钳形接地电阻检测仪在避雷装置检测中的应用［J］．化工自动化及仪表，2017，44（8）：787-788，804.

[11] 田海丰，丁存良．电梯电气接地装置设计与失效分析研究［J］．中国特种设备安全，2023，39（1）：74-78.

[12] 周越平．设备绝缘电阻测试方法［J］．魅力中国，2019（24）：289.

[13] 陈向昀，杨冬磊，张红．电气设备的绝缘电阻测试方法［J］．上海计量测试，2016，43（4）：43-45，48.

[14] 杨娟，王良旺，刘柏清，等．非金属材料表面电阻测试及影响因素的研究［J］．工业安全与环保，2021，47（6）：25-29.

[15] 吕哲．几种电梯平衡系数测量方法的对比分析［J］．中国电梯，2020，31（5）：57-59.

[16] 陈新秀．数字式转速表检定结果不确定度的研究［J］．中国科技投资，2018（2）：236.

[17] 王李孙．基于霍尔传感器的数字转速表设计［J］．数字化用户，2019，25（14）：279.

[18] 王浩．分析全站仪在起重机检验中的应用［J］．中国机械，2015（7）：93-94.

[19] 戴胜利．分析全站仪在起重机检验中的应用［J］．科技尚品，2016（12）：112.

[20] 胡建恺，富阳．全站仪在起重机械检验中的应用及与传统测量方法的对比［J］．中国特种设备安全，2012（9）：34-35.

[21] 陈卫民．超声波测厚仪示值失真因素分析［J］．石油和化工设备，2017，20（6）：81-83.

[22] 林强帅，张威，张新东．便携式里氏硬度计与超声波硬度计在游乐设施检验中应用探讨［J］．中国特种设备安全，2021，37（9）：56-59.

[23] 张沫然．数字化超声波探伤仪的设计与实现［J］．电声技术，2020，44（5）：74-75，79.

[24] 郭晋，胡华胜，唐经源，等．充电式交流磁粉探伤仪的应用研究［J］．中国特种设备安全，2021，37（3）：14-20.

[25] 国家市场监督管理总局．无损检测仪器 携带式工业 X 射线探伤机：GB/T 26838—2024［S］．北京：

中国标准出版社，2025：3.

[26] 赵忠强．红外线热成像技术在客运索道维管中的运用［J］．起重运输机械，2023（2）：25-29.

[27] 常晓清．基于红外成像仪的电梯制动器温升检测技术研究［J］．起重运输机械，2023（7）：74-78.

[28] 张蒲根．红外成像检测技术在特种设备检验中的应用研究［J］．化工装备技术，2023，44（1）：13-16.

[29] 张辉．电梯电机运行噪声的检测方法及抑制措施［J］．机电产品开发与创新，2024，37（6）：117-120.

[30] 李质林，赵丽丽．便携式气体检测仪的维护方法研究［J］．石化技术，2024，31（7）：51-53.

[31] 常晓清．既有多层住宅加装电梯使用环境的研究［J］．中国特种设备安全，2023，39（z1）：33-37.

[32] 沈毅君．电梯、自动扶梯和自动人行道各区域照度安全参数的研究和探讨［J］．质量与标准化，2023（5）：46-49.

[33] 高庆辉．7 级风速下港口 2750 t/h 卸船机工作状态抗风性能评估［J］．港口科技，2021（4）：22-25.

[34] 俞和君．一种对动作速度进行校准的电梯限速器测试仪校准装置的研制［J］．计量技术，2020（2）：31-33.

[35] 张佳，吴冰，张立楠．关于对电梯限速器动作速度校验的问题分析［J］．特种设备安全技术，2024（6）：49-51.

[36] 喻颖，潘树伟，张娜．浅谈电梯限速器校验及其质量控制要点［J］．中国特种设备安全，2018，34（5）：34-38.

[37] 张学伦，邓富文，陈武，等．一种新的电梯平衡系数测试方法及其测试仪器［J］．中国电梯，2024，35（1）：32-37.

[38] 王文宇，徐小亚，金辛海．一种无载荷电梯平衡系数测量方法［J］．中国电梯，2021，32（1）：13-16.

[39] 陈建勋，杨宁祥，吴溪，等．基于加速度传感器的电梯多参数检测仪设计［J］．自动化仪表，2024，45（1）：13-18.

[40] 吴迪，张志佳．电梯承运质量测试仪器的研究与设计［J］．消费电子，2021（7）：50-51.

[41] 陈建勋，崔靖昀，杨宁祥，等．基于 MEMS 三轴加速度传感器的电梯轿厢振动检测装置［J］．中国电梯，2024，35（2）：45-47，51.

[42] 刘兆羽，张晓文，巩文亮．索道用钢丝绳检测周期分析［J］．起重运输机械，2021（z1）：74-77.

[43] 张操，朱承建，刘健康．基于漏磁原理的钢丝绳探伤仪影响因素研究［J］．工矿自动化，2015，41（5）：52-54.

[44] 雷江泉，杜天义，罗欢欢，等．汽车离合器踏板力测试方法研究［J］．南方农机，2024，55（21）：153-156.

[45] 吴林，邓林，章超．场（厂）车制动踏板行程及踏板力的评估初探［J］．太原学院学报（自然科学版），2018，36（2）：25-28.

[46] 周波，莫英桂，苏翼雄，等．多棘齿驻车手刹力测量系统的设计［J］．场（厂）车实用技术，2020，45（21）：106-108.

[47] 王荣峰，文浩，黄梓劲．便携式制动性能测试仪静态校准装置的校准方法［J］．上海计量测试，2024，51（5）：32-34，37.

[48] 许青．便携式制动性能测试仪动态校准装置的研制［D］．保定：河北大学，2022.

[49] 宋峰．基于无线传输的应力测试仪设计［J］．现代信息科技，2024，8（13）：24-28.
[50] 国家市场监督管理总局．电梯技术条件：GB/T 10058—2023［S］.
[51] 中华人民共和国工业和信息化部．接触式手持数字转速表：JB/T 5221—2014［S］.
[52] 中华人民共和国国家质量监督检验检疫总局．全站仪：GB/T 27663—2011［S］.
[53] 国家质量监督检验检疫总局．超声波测厚仪校准规范：JJF 1126—2004［S］.
[54] 中华人民共和国国家质量监督检验检疫总局．游乐设施无损检测　第1部分：总则：GB/T 34370.1—2017［S］.
[55] 中华人民共和国国家质量监督检验检疫总局．游乐设施无损检测　第3部分：磁粉检测：GB/T 34370.3—2017［S］.
[56] 中华人民共和国国家质量监督检验检疫总局．游乐设施无损检测　第5部分：超声检测：GB/T 34370.5—2017［S］.
[57] 中华人民共和国国家质量监督检验检疫总局．游乐设施无损检测　第6部分：射线检测：GB/T 34370.6—2017［S］.
[58] 中华人民共和国国家质量监督检验检疫总局．场（厂）内机动车辆安全检验技术要求：GB/T 16178—2011［S］.
[59] 中华人民共和国国家质量监督检验检疫总局．风力等级：GB/T 28591—2012［S］.
[60] 作业指导书-仪器操作规程［Z］．青海省特种设备检验检测院，2024.

附录

附录1 机电类特种设备目录

代码	种类	类别	品种
3000	电梯		
3100		曳引与强制驱动电梯	
3110			曳引驱动乘客电梯
3120			曳引驱动载货电梯
3130			强制驱动载货电梯
3200		液压驱动电梯	
3210			液压乘客电梯
3220			液压载货电梯
3300		自动扶梯与自动人行道	
3310			自动扶梯
3320			自动人行道
3400		其他类型电梯	
3410			防爆电梯
3420			消防员电梯
3430			杂物电梯
4000	起重机械		
4100		桥式起重机	
4110			通用桥式起重机
4130			防爆桥式起重机
4140			绝缘桥式起重机
4150			冶金桥式起重机

续表

代码	种类	类别	品种
4170			电动单梁起重机
4190			电动葫芦桥式起重机
4200		门式起重机	
4210			通用门式起重机
4220			防爆门式起重机
4230			轨道式集装箱门式起重机
4240			轮胎式集装箱门式起重机
4250			岸边集装箱起重机
4260			造船门式起重机
4270			电动葫芦门式起重机
4280			装卸桥
4290			架桥机
4300		塔式起重机	
4310			普通塔式起重机
4320			电站塔式起重机
4400		流动式起重机	
4410			轮胎起重机
4420			履带起重机
4440			集装箱正面吊运起重机
4450			铁路起重机
4700		门座式起重机	
4710			门座起重机
4760			固定式起重机
4800		升降机	
4860			施工升降机
4870			简易升降机
4900		缆索式起重机	
4A00		桅杆式起重机	
4D00		机械式停车设备	
9000	客运索道		
9100		客运架空索道	
9110			往复式客运架空索道
9120			循环式客运架空索道

续表

代码	种类	类别	品种
9200		客运缆车	
9210			往复式客运缆车
9220			循环式客运缆车
9300		客运拖牵索道	
9310			低位客运拖牵索道
9320			高位客运拖牵索道
6000	大型游乐设施		
6100		观览车类	
6200		滑行车类	
6300		架空游览车类	
6400		陀螺类	
6500		飞行塔类	
6600		转马类	
6700		自控飞机类	
6800		赛车类	
6900		小火车类	
6A00		碰碰车类	
6B00		滑道类	
6D00		水上游乐设施	
6D10			峡谷漂流系列
6D20			水滑梯系列
6D40			碰碰船系列
6E00		无动力游乐设施	
6E10			蹦极系列
6E40			滑索系列
6E50			空中飞人系列
6E60			系留式观光气球系列
5000	场(厂)内专用机动车辆		
5100		机动工业车辆	
5110			叉车
5200		非公路用旅游观光车辆	

附录 2　我国部分特种设备检验检测机构名录

(1) 国家级机构

① 中国特种设备检测研究院（CSEI）

简介：隶属于国家市场监督管理总局，是国内最具权威的特种设备检验检测机构之一。

业务范围：锅炉、压力容器、压力管道、电梯、起重机械等的检验检测与科学研究。

② 中国特种设备安全与节能促进会

简介：负责特种设备安全管理、技术推广与培训。

业务范围：特种设备检验检测标准制定、技术咨询、行业培训等。

(2) 省级及地方级机构

① 北京市特种设备检测中心

简介：北京市市场监督管理局直属机构，负责北京市范围内的特种设备检验检测。

业务范围：电梯、锅炉、压力容器、起重机械等的定期检验与安全评价。

② 天津市特种设备监督检验技术研究院

简介：天津市市场监督管理局下属机构，负责天津市特种设备的检验检测与技术研究。

业务范围：电梯、起重机械、锅炉、压力容器等的检验检测。

③ 河北省特种设备监督检验研究院

简介：河北省市场监督管理局下属机构，负责河北省特种设备的检验检测与技术研究。

业务范围：锅炉、压力容器、电梯、起重机械等的检验检测。

④ 上海市特种设备监督检验技术研究院

简介：上海市市场监督管理局下属机构，负责上海市特种设备的检验检测与技术研究。

业务范围：电梯、起重机械、压力容器等的检验检测与安全评估。

⑤ 江苏省特种设备安全监督检验研究院

简介：江苏省市场监督管理局下属机构，负责江苏省特种设备的检验检测与技术研究。

业务范围：电梯、起重机械、锅炉、压力容器等的检验检测。

⑥ 浙江省特种设备检验研究院

简介：浙江省市场监督管理局下属机构，负责浙江省特种设备的检验检测与技术研究。

业务范围：锅炉、压力容器、电梯、起重机械等的检验检测。

⑦ 山东省特种设备检验研究院

简介：山东省市场监督管理局下属机构，负责山东省特种设备的检验检测与技术研究。

业务范围：锅炉、压力容器、电梯、起重机械等的检验检测。

⑧ 广东省特种设备检测研究院

简介：广东省市场监督管理局下属机构，负责广东省特种设备的检验检测与技术研究。

业务范围：电梯、起重机械、锅炉、压力容器等的检验检测。

⑨ 福建省特种设备检验研究院

简介：福建省市场监督管理局下属机构，负责福建省特种设备的检验检测与技术研究。

业务范围：锅炉、压力容器、电梯、起重机械等的检验检测。

⑩ 河南省特种设备安全检测研究院

简介：河南省市场监督管理局下属机构，负责河南省特种设备的检验检测与技术研究。

业务范围：锅炉、压力容器、电梯、起重机械等的检验检测。

⑪ 湖北省特种设备检验检测研究院

简介：湖北省市场监督管理局下属机构，负责湖北省特种设备的检验检测与技术研究。

业务范围：锅炉、压力容器、电梯、起重机械等的检验检测。

⑫ 四川省特种设备检验研究院

简介：四川省市场监督管理局下属机构，负责四川省特种设备的检验检测与技术研究。

业务范围：锅炉、压力容器、电梯、起重机械等的检验检测。

⑬ 重庆市特种设备检测研究院

简介：重庆市市场监督管理局下属机构，负责重庆市特种设备的检验检测与技术研究。

业务范围：锅炉、压力容器、电梯、起重机械等的检验检测。

⑭ 陕西省特种设备检验检测研究院

简介：陕西省市场监督管理局下属机构，负责陕西省特种设备的检验检测与技术研究。

业务范围：锅炉、压力容器、电梯、起重机械等的检验检测。

⑮ 甘肃省特种设备检验检测研究院

简介：甘肃省市场监督管理局下属机构，负责甘肃省特种设备的检验检测与技术研究。

业务范围：锅炉、压力容器、电梯、起重机械等的检验检测。

⑯ 青海省特种设备检验检测院

简介：青海省市场监督管理局下属机构，负责青海省特种设备的检验检测与技术研究。

业务范围：锅炉、压力容器、电梯、起重机械等的检验检测和评估工作，特种设备检验检测技术研究和对外交流工作、各级市场监管部门委托的特种设备生产许可鉴定评审和特种设备作业人员考试工作。

(3) 其他地方性机构

① 深圳市特种设备安全检验研究院

简介：深圳市市场监督管理局下属机构，负责深圳市特种设备的检验检测与技术研究。

业务范围：电梯、起重机械、锅炉、压力容器等的检验检测。

② 广州市特种设备检测研究院

简介：广州市市场监督管理局下属机构，负责广州市特种设备的检验检测与技术研究。

业务范围：电梯、起重机械、锅炉、压力容器等的检验检测。

③ 杭州市特种设备检测研究院

简介：杭州市市场监督管理局下属机构，负责杭州市特种设备的检验检测与技术研究。

业务范围：电梯、起重机械、锅炉、压力容器等的检验检测。

附录 3　部分检验项目设备配置要求

序号	项目名称	项目代码	设备配置
1	电梯安装 监督检验	TJ1	除机电类基本配置（其中Ⅰ类检验设备各不少于 15 台，Ⅱ类检验设备各不少于 2 台）外，还应当配置以下设备： ①照度计 15 台； ②温湿度计 15 台； ③限速器动作速度测试设备 15 台； ④电梯振动及起制动加减速度测量仪 2 台； ⑤导轨垂直度测量仪 2 台
2	起重机械安装 监督检验	QJ1	除机电类基本配置（其中Ⅰ类检验设备各不少于 10 台，Ⅱ类检验设备各不少于 2 台）外，还应当配置以下设备： ①综合气象仪 5 台； ②全站仪 5 台； ③制动下滑量测试仪 5 台
3	客运索道安装 监督检验	SJ1	除机电类基本配置（其中Ⅰ类检验设备各不少于 10 台，Ⅱ类检验设备各不少于 2 台）外，还应当配置以下设备： ①倾角仪 10 台； ②拉力计 10 台
4	大型游乐 设施安装 监督检验	YJ1	除机电类基本配置（其中Ⅰ类检验设备各不少于 10 台，Ⅱ类检验设备各不少于 2 台）外，还应当配置以下设备： ①角度、坡度测量仪 10 台； ②涂层测厚仪 10 台； ③风速仪 10 台； ④动、静态应变测试仪 10 台； ⑤硬度计 2 台
5	场（厂）内专用 机动车辆 定期检验	ND1	①噪声检测仪 3 台； ②转向参数测试仪 3 台； ③制动性能测试仪 3 台； ④踏板力计 3 台

注：机电类基本配置Ⅰ类检验设备包括数字万用表、接地电阻测试仪、绝缘电阻测量仪、转速表或速度检测仪、便携式激光测距仪、噪声检测仪、测厚仪等；Ⅱ类检验设备包括经纬仪、水准仪、钢丝绳探伤仪、便携式超声波探伤仪、便携式磁粉探伤仪等。

附录 4 市场监管总局关于实施强制管理的计量器具目录（2020 年版）

一级序号	二级序号	一级目录	二级目录	监管方式	强检方式	强检范围及说明
1	(1)	体温计	体温计	型式批准 强制检定	玻璃体温计只做型式批准和首次强制检定，失准报废；其他体温计周期检定	用于医疗卫生：医疗机构对人体温度的测量
2	(2)	非自动衡器	非自动衡器	型式批准 强制检定	周期检定	用于贸易结算：商品、包裹、行李、粮食等的称重
3	(3)	自动衡器	动态汽车衡（车辆总重计量）	型式批准 强制检定	周期检定	用于安全防护：车辆超限超载的称重用于贸易结算：商品的称重
4	(4)	轨道衡	轨道衡	型式批准 强制检定	周期检定	用于贸易结算：商品的称重
5	(5)	计量罐	铁路计量罐（车）	强制检定	周期检定	用于贸易结算：液体容积的测量
	(6)		船舶液货计量舱（供油船舶计量舱、船舶污油舱、污水舱、运输船舶计量舱 5000 载重吨以下）	强制检定	周期检定	用于贸易结算：原油、成品油及其他液体或固体容积的测量
	(7)			强制检定	周期检定	用于贸易结算：液体容积的测量
6	(8)	称重传感器	称重传感器	型式批准		
7	(9)	称重显示器	称重显示器	型式批准		
8	(10)	加油机	燃油加油机	型式批准 强制检定	周期检定	用于贸易结算：成品油流量的测量
9	(11)	加气机	液化石油气加气机	型式批准 强制检定	周期检定	用于贸易结算：石油气流量的测量
	(12)		压缩天然气加气机	型式批准 强制检定	周期检定	用于贸易结算：天然气流量的测量
	(13)		液化天然气加气机	型式批准 强制检定	周期检定	用于贸易结算：天然气流量的测量

续表

一级序号	二级序号	一级目录	二级目录	监管方式	强检方式	强检范围及说明
10	(14)	水表	水表 DN15～DN50	型式批准 强制检定	工业用：周期检定 生活用：首次强制检定，限期使用，到期轮换	用于贸易结算：用水量的测量
11	(15)	燃气表	燃气表 G1.6～G16	型式批准 强制检定	工业用：周期检定 生活用：首次强制检定，限期使用，到期轮换	用于贸易结算：煤气（天然气）用量的测量
12	(16)	热能表	热能表 DN15～DN50	型式批准 强制检定	周期检定	用于贸易结算：用热量的测量
13	(17)	流量计	流量计（口径范围 DN300 及以下）	型式批准 强制检定	周期检定	用于贸易结算：液体、气体、蒸汽流量的测量
14	(18)	血压计（表）	无创自动测量血压计	型式批准 强制检定	周期检定	用于医疗卫生：医疗机构对人体血压的测量
	(19)		无创非自动测量血压计	型式批准 强制检定	周期检定	用于医疗卫生：医疗机构对人体血压的测量
15	(20)	眼压计	眼压计	型式批准 强制检定	周期检定	用于医疗卫生：医疗机构对人体眼压的测量
16	(21)	压力仪表	指示类压力表、显示类压力表	型式批准 强制检定	周期检定	用于安全防护：1. 电站锅炉主汽包和给水压力的测量；2. 固定式空压机风仓及总管压力的测量；3. 发电机、汽轮机油压及机车压力的测量；4. 带报警装置压力的测量；5. 密封增压容器压力的测量；6. 有害、有毒、腐蚀性严重介质压力的测量
17	(22)	机动车测速仪	机动车测速仪	型式批准 强制检定	周期检定	用于安全防护：机动车行驶速度的监测
18	(23)	出租汽车计价器	出租汽车计价器	型式批准 强制检定	周期检定	用于贸易结算：出租汽车计时计里程的测量
19	(24)	电能表	电能表	型式批准 强制检定	工业用：周期检定 生活用：首次强制检定，限期使用，到期轮换或根据表计状态延期	用于贸易结算：用电量的测量

续表

一级序号	二级序号	一级目录	二级目录	监管方式	强检方式	强检范围及说明
20	(25)	声级计	声级计	型式批准 强制检定	周期检定	用于环境监测：噪声的测量
21	(26)	听力计	纯音听力计	型式批准 强制检定	周期检定	用于医疗卫生：医疗机构对人体听力的测量
	(27)		阻抗听力计	型式批准 强制检定	周期检定	用于医疗卫生：医疗机构对人体听力的测量
22	(28)	焦度计	焦度计	型式批准 强制检定	周期检定	用于医疗卫生：医疗机构、眼镜制配场所对眼镜镜片焦度的测量
23	(29)	验光仪器	验光仪、综合验光仪	型式批准 强制检定	周期检定	用于医疗卫生：医疗机构、眼镜制配场所验光使用
	(30)		验光镜片箱	型式批准 强制检定	周期检定	用于医疗卫生：医疗机构、眼镜制配场所验光使用
	(31)		角膜曲率计	型式批准 强制检定	周期检定	用于医疗卫生：医疗机构、眼镜制配场所测量角膜曲率使用
24	(32)	糖量计	糖量计	型式批准 强制检定	周期检定	用于贸易结算：制糖原料含糖量的测量
25	(33)	烟尘粉尘测量仪	烟尘采样器	型式批准		
	(34)		粉尘采样器	型式批准		
	(35)		粉尘浓度测量仪	型式批准		
26	(36)	颗粒物采样器	颗粒物采样器	型式批准		
27	(37)	大气采样器	大气采样器	型式批准		
28	(38)	透射式烟度计	透射式烟度计	型式批准 强制检定	周期检定	用于环境监测：柴油发动机排放污染物的测量
29	(39)	水分测定仪	烘干法水分测定仪	型式批准 强制检定	周期检定	用于贸易结算：水分的测量
	(40)		电容法和电阻法谷物水分测定仪	型式批准 强制检定	周期检定	用于贸易结算：谷物水分的测量

续表

一级序号	二级序号	一级目录	二级目录	监管方式	强检方式	强检范围及说明
29	(41)	水分测定仪	原棉水分测定仪	型式批准 强制检定	周期检定	用于贸易结算:水分的测量
30	(42)	呼出气体酒精含量检测仪	呼出气体酒精含量检测仪	型式批准 强制检定	周期检定	用于安全防护:对机动车司机是否酒后开车的监测
31	(43)	谷物容重器	谷物容重器	强制检定	周期检定	用于贸易结算:谷物收购时定等定价每升重量的测量
32	(44)	乳汁计	乳汁计	强制检定	周期检定	用于贸易结算:乳汁浓度和密度的测量
33	(45)	电动汽车充电桩	电动汽车交(直)流充电桩/非车载直流充电机	强制检定	周期检定	用于贸易结算:向社会提供充电服务的电动汽车充电桩充电量的测量
34	(46)	放射治疗用电离室剂量计	放射治疗用电离室剂量计	强制检定	周期检定	用于医疗卫生:医疗机构对人体放射剂量的测量
35	(47)	医用诊断X射线设备	医用诊断X射线设备	强制检定	周期检定	用于医疗卫生:医疗机构对人体进行辐射诊断和治疗
36	(48)	医用活度计	医用活度计	强制检定	周期检定	用于医疗卫生:医疗机构以放射性核素进行诊断和治疗的核素活度的测量
37	(49)	心脑电测量仪器	心电图仪	强制检定	周期检定	用于医疗卫生:医疗机构对人体心电位的测量
	(50)		脑电图仪	强制检定	周期检定	用于医疗卫生:医疗机构对人体脑电位的测量
	(51)		多参数监护仪	强制检定	周期检定	用于医疗卫生:医疗机构对人体心电、脉搏、血氧饱和度等进行测量
38	(52)	电力测量用互感器	电力测量用互感器	500kV(含)以下型式批准、强制检定;500kV以上型式批准	周期检定	用于贸易结算:作为电能表的配套设备,对用电量的测量

续表

一级序号	二级序号	一级目录	二级目录	监管方式	强检方式	强检范围及说明
39	(53)	测绘仪器	手持式激光测距仪	型式批准		
	(54)		全站仪	型式批准		
	(55)		测地型 GNSS 接收机	型式批准		
40	(56)	有毒有害、易燃易爆气体检测(报警)仪	二氧化硫气体检测仪	型式批准		
	(57)		硫化氢气体分析仪	型式批准		
	(58)		一氧化碳检测报警器	型式批准		
	(59)		一氧化碳和二氧化碳红外线气体分析器	型式批准		
	(60)		烟气分析仪	型式批准		
	(61)		化学发光法氮氧化物分析仪	型式批准		
	(62)		甲烷测定器	型式批准		